# 山地森林涡动通量观测关键技术
## ——以帽儿山温带森林为例

王兴昌 著

中国水利水电出版社
www.waterpub.com.cn
·北京·

## 内 容 提 要

森林生态系统在全球和区域碳循环及气候系统中起着重要作用。森林常常分布在地形复杂的偏远山区,而且森林冠层高大,这给森林生态系统涡动通量观测带来了巨大的挑战。本书以帽儿山森林站为例,研究了涡动协方差方法在东北山地森林碳水能量通量观测实践的几个关键问题。本书首先分析了帽儿山温带落叶阔叶林的植被特征和冠层上下的风场特征,重点探讨了$CO_2$浓度时空变异以及储存通量的估算误差、超声风速仪倾斜校正对涡动通量的影响、开路涡动系统的表面加热效应、辐射测量方式对能量平衡的影响。尽管只是帽儿山森林站的一个案例分析,通过与其他站点的对比发现了一些普遍性的规律。

本书可供从事气象、林业、生态学以及碳水能量循环相关领域的科研和教学人员、研究生、大专院校学生参考。

## 图书在版编目(CIP)数据

山地森林涡动通量观测关键技术:以帽儿山温带森林为例 / 王兴昌著. -- 北京:中国水利水电出版社,2019.2
 ISBN 978-7-5170-7215-7

Ⅰ.①山… Ⅱ.①王… Ⅲ.①山地—温带林—湍流通量—观测—技术 Ⅳ.①S718.54

中国版本图书馆CIP数据核字(2018)第277473号

| 书　　名 | 山地森林涡动通量观测关键技术——以帽儿山温带森林为例<br>SHANDI SENLIN WODONG TONGLIANG GUANCE GUANJIAN JISHU——YI MAO'ER SHAN WENDAI SENLIN WEI LI |
|---|---|
| 作　　者 | 王兴昌　著 |
| 出版发行 | 中国水利水电出版社<br>(北京市海淀区玉渊潭南路1号D座　100038)<br>网址:www.waterpub.com.cn<br>E-mail:sales@waterpub.com.cn<br>电话:(010)68367658(营销中心) |
| 经　　售 | 北京科水图书销售中心(零售)<br>电话:(010)88383994、63202643、68545874<br>全国各地新华书店和相关出版物销售网点 |
| 排　　版 | 中国水利水电出版社微机排版中心 |
| 印　　刷 | 北京瑞斯通印务发展有限公司 |
| 规　　格 | 184mm×260mm　16开本　9.5印张　225千字 |
| 版　　次 | 2019年2月第1版　2019年2月第1次印刷 |
| 印　　数 | 0001—1000册 |
| 定　　价 | **49.00元** |

凡购买我社图书,如有缺页、倒页、脱页的,本社营销中心负责调换

**版权所有·侵权必究**

# 前 言

在全球变化背景下，地球系统碳循环越来越受重视。陆地生态系统碳通量观测方法有多种，其中涡动协方差（EC）法是微气象学方法的代表，它可以直接估算陆地生态系统与大气之间的净$CO_2$交换。而陆地生态系统各类型中，森林最为复杂，丰富的树种组成、高大的冠层和明显的空间变异等特点决定了其碳水能量收支测定存在很大的困难。然而，由于EC方法在森林碳水能量通量中的应用属于生态学、林学与微气象学的交叉学科范畴，其理论与技术问题的研究明显滞后于实践应用的需求。为了更好地发挥通量观测网络在全球碳水循环以及气候变化等领域的作用，解决其理论和实践应用中的关键问题迫在眉睫。本书以帽儿山站温带落叶阔叶林为例，研究了EC通量观测的几个关键技术问题，以期对山地森林EC技术观测碳、水、能量通量提供参考。

本书发现：

（1）帽儿山站地处的山谷中下坡位，林冠上存在明显的山谷风日变化系统，但林冠下常常与林冠上气流解耦联，坡风与谷风系统存在显著的交互作用，这给EC通量观测带来了挑战。

（2）日尺度上的$CO_2$浓度及其垂直梯度的变化主要受控于森林碳代谢和边界层发展。年尺度上近地层$CO_2$浓度与以地表温度为指示的土壤呼吸的变化格局相吻合，而林冠上$CO_2$浓度则受森林生态系统光合作用和呼吸作用的共同影响。

（3）大气水热过程对$CO_2$储存通量计算引起的误差包括三方面：空气温度变化引起的误差最大，比大气压强的影响大1个数量级；水蒸气的影响在温暖湿润的夏季大于大气压强的影响，但在寒冷干燥的冬季则相反。建议选择对大气水热过程守恒的干摩尔分数计算$CO_2$储存通量。

（4）冠层高大的森林$CO_2$储存通量的主要误差来源于垂直配置和$CO_2$干摩尔分数时间平均，这可为将来优化、改进单一廊线系统准确测量$CO_2$储存通量提供理论依据和设计思路。

（5）在相对均一的地形，EC 坐标旋转的最优方法为传统的平面拟合，分风向区平面拟合较差。该结论可为山地地形 EC 坐标系统选择提供重要参考。

（6）实测和模型模拟表明 LI-7500 表面加热效应主要发生在底部镜头，顶部镜头和支杆加热较低但模拟效果很差。

（7）用实测数据和模型模拟指出相对均一条件应该采用平行于坡面的安装方式测量辐射，坡度每变化 1°，能量平衡比率误差增加约 1‰。这为合理测定倾斜地形条件下的辐射、反照率和 EC 能量平衡闭合度提供了参考。帽儿山站在地形、植被和气候方面均有一定代表性，在与其他站点的对比中发现了一些普遍性规律，希望这些结论对 EC 理论与技术有推动作用。

因本人水平有限，错误在所难免，恳请读者批评指正。

王兴昌

2018 年 9 月于哈尔滨

# 符号与缩写

| 符号与缩写 | 注　释 |
|---|---|
| $\alpha$ | 表观光合量子效率（$\mu mol\ CO_2\ \mu mol^{-1}\ photon$） |
| $\alpha_{NIR}$ | 近红外辐射反照率 |
| $\alpha_{PAR}$ | 光合有效辐射反照率 |
| $\alpha_s$ | 短波（太阳）辐射反照率 |
| $\beta_{DR}$ | 二次坐标旋转中使得平均垂直风速为零的旋转角度，即超声风速仪倾斜角度（°） |
| $\delta$ | 底部镜头、顶部镜头和支杆上方的边界层平均厚度（m） |
| $\mu$ | 空气分子量与水分子量之比（1.6077） |
| $\zeta$ | 大气稳定度参数 |
| $\theta_v$ | 虚位温度（℃） |
| $\pi$ | 圆周率 |
| $\rho_a$ | 湿空气密度（$kg\ m^{-3}$） |
| $\rho_c$ | $CO_2$密度（$mg\ m^{-3}$ or $kg\ m^{-3}$） |
| $\rho_d$ | 干空气密度（$mol\ m^{-3}$） |
| $\rho_{dz}$ | 36m 干空气密度（$mol\ m^{-3}$） |
| $\rho_v$ | 水汽密度（$g\ m^{-3}$ or $kg\ m^{-3}$） |
| $\phi$ | 平均水平风向（°） |
| $\chi_c$ | $CO_2$摩尔混合比（$\mu mol\ mol^{-1}$） |
| $\chi_c/t$ | $CO_2$摩尔混合比时间导数 [$\mu mol\ mol^{-1}(30min)^{-1}$] |
| $\chi_{cz}$ | $CO_2$摩尔混合比在EC高度的变化量（$\mu mol\ mol^{-1}$） |
| $\Delta t$ | 两次采样之间的时间区间（1800s） |
| $\Delta z$ | 高度差（m） |
| BurbaLF | LI-7500 表面温度及加热效应估测方法：Burba 线性模型 |
| BurbaMR | LI-7500 表面温度及加热效应估测方法：Burba 多元模型 |
| $C_p$ | 湿空气定压比热容（$J\ kg^{-1}\ K^{-1}$） |
| $c_c$ | $CO_2$摩尔分数（$\mu mol\ mol^{-1}$） |
| $c_D$ | 阻力系数 |
| $\Delta c_c$ | 上层与下层 $CO_2$ 浓度差（$\mu mol\ mol^{-1}$） |
| $c_v$ | 水汽摩尔分数（$mmol\ mol^{-1}$） |
| DR | 二次坐标旋转 |

续表

| 符号与缩写 | 注 释 |
|---|---|
| $d$ | 零平面位移（36m 高度为 12.0 m，2m 高度为 0.3 m） |
| $E$ | WPL 校正的水汽湍流通量（g $H_2O$ m$^{-2}$ s$^{-1}$） |
| EBC | 能量平衡闭度 |
| EBR | 能量平衡闭合比率 |
| EC | 涡动协方差或涡度相关 |
| $e$ | 水汽压（kPa） |
| FT | LI-7500 表面加热效应估计方法：成对细丝热电偶，经过环境感热通量（$H_{amb}$）与 CSAT3 感热通量（$H_{CSAT3}$）比值校正 |
| FTModel | LI-7500 表面加热效应估计方法：成对细丝热电偶之间的线性模型以 HCSAT3（$H_{CSAT3}$）作为预测变量的估计值 |
| $F_c$ | 垂直湍流通量（$\mu$mol m$^{-2}$ s$^{-1}$ 或 mg $CO_2$ m$^{-2}$ s$^{-1}$） |
| $F_{cHC}$ | LI-7500 表面加热引起的垂直湍流通量校正量（$\mu$mol m$^{-2}$ s$^{-1}$） |
| $F_d$ | 干空气储存通量（mmol m$^{-2}$ s$^{-1}$） |
| $F_s$ | 储存项（$\mu$mol m$^{-2}$ s$^{-1}$ 或 $\mu$mol m$^{-3}$ s$^{-1}$） |
| $F_{s\_\chi}$ | 基于干摩尔分数 $\chi_c$ 计算的储存项（$\mu$mol $CO_2$ m$^{-2}$ s$^{-1}$） |
| $F_{s\_c}$ | 基于摩尔分数 $c_c$ 计算的储存项（$\mu$mol m$^{-2}$ s$^{-1}$） |
| $F_{s\_d}$ | 基于密度 $\rho_c$ 计算的储存项（$\mu$mol m$^{-2}$ s$^{-1}$） |
| $F_{s\_dP}$ | 假定各层 $P$ 恒定情况下基于 $\rho_c$ 计算的储存项（$\mu$mol m$^{-2}$ s$^{-1}$） |
| $F_{s\_E}$ | $CO_2$ 有效储存通量（$\mu$mol m$^{-2}$ s$^{-1}$） |
| $F_{s\_EC}$ | 基于塔顶法的储存项（$\mu$mol m$^{-2}$ s$^{-1}$） |
| $F_{s\_p}$ | 基于 8 层廓线的储存项（$\mu$mol m$^{-2}$ s$^{-1}$） |
| $F_{sd}$ | 大气水热过程引起的干空气储存通量调整项（$\mu$mol m$^{-2}$ s$^{-1}$） |
| $F_{sP}$ | 大气压强变化引起的误差（$\mu$mol m$^{-2}$ s$^{-1}$） |
| $F_{sT}$ | 空气温度变化引起的误差（$\mu$mol m$^{-2}$ s$^{-1}$） |
| $F_{sV}$ | 水蒸气变化引起的误差（$\mu$mol m$^{-2}$ s$^{-1}$） |
| $F_{s\_p36m}$ | 基于廓线顶层的储存项（$\mu$mol m$^{-2}$ s$^{-1}$） |
| GPP | 总初级生产力（Mg C hm$^{-2}$ yr$^{-1}$） |
| $G_0$ | 土壤热通量，8cm 深土壤热通量板测定的土壤热通量及其上方的土壤热储量之和（W m$^{-2}$） |
| $G_c$ | $CO_2$ 摩尔分数的垂直梯度（$\mu$mol mol$^{-1}$ m$^{-1}$） |
| $G_{cAC}$ | 林冠层上（20~36m）$CO_2$ 摩尔分数的垂直梯度（$\mu$mol mol$^{-1}$ m$^{-1}$） |
| $G_{cB}$ | $CO_2$ 摩尔分数的总体垂直梯度（$\mu$mol mol$^{-1}$ m$^{-1}$） |
| $G_{cBC}$ | 林冠层下（0.5~8m）$CO_2$ 摩尔分数的垂直梯度（$\mu$mol mol$^{-1}$ m$^{-1}$） |
| $G_{cWC}$ | 林冠层内部（8~20m）$CO_2$ 摩尔分数的垂直梯度（$\mu$mol mol$^{-1}$ m$^{-1}$） |

续表

| 符号与缩写 | 注　释 |
|---|---|
| $G_T$ | 虚位温度梯度（℃ m$^{-1}$） |
| $G_{TAC}$ | 冠上虚位温度梯度（℃ m$^{-1}$） |
| $G_{TBC}$ | 冠下虚位温度梯度（℃ m$^{-1}$） |
| $H$ | 感热通量（W m$^{-2}$） |
| $H_{amb}$ | 细丝热电偶测定的环境感热通量（W m$^{-2}$） |
| $H_{CSAT3}$ | CSAT3 的光路感热通量（W m$^{-2}$） |
| $H_{LI-7500}$ | LI-7500 光路感热通量（W m$^{-2}$） |
| $H_i$ | LI-7500 表面加热导致的感热通量（W m$^{-2}$） |
| $H$ | 涡动协方差系统安装高度（36 m） |
| $H_c$ | 冠层高度（20m） |
| $h$ | 廊线层厚度（m） |
| IRGA | 红外气体分析仪 |
| $k_a$ | 空气导热系数（W m$^{-2}$ ℃$^{-1}$） |
| $L$ | 莫宁-奥布霍夫长度（m） |
| LAI | 叶面积指数（m$^2$ m$^{-2}$） |
| LE | 潜热通量（W m$^{-2}$） |
| M | 通量平均周期内计算 $CO_2$ 摩尔混合比平均值的窗口数（30min） |
| MPF | 月尺度平面拟合 |
| MSWPF | 月尺度分风向区平面拟合 |
| $M_c$ | $CO_2$ 分子量（44.01g mol$^{-1}$） |
| N | 廊线系统采样层数或样本数 |
| NBPF | 垂直风速无偏平面拟合 |
| NEP | 净生态系统生产力（Mg C hm$^{-2}$ yr$^{-1}$） |
| NEE | $CO_2$ 净生态系统交换（$\mu$mol m$^{-2}$ s$^{-1}$） |
| NIR | 近红外辐射（700～2800nm，W m$^{-2}$） |
| $NIR_i$ | 近红外辐射（700～2800nm，W m$^{-2}$） |
| $NIR_n$ | 净近红外辐射（700～2800nm，W m$^{-2}$） |
| $NIR_o$ | 近红外辐射（700～2800nm，W m$^{-2}$） |
| NR | 不旋转 |
| P | 窗口长度（min） |
| $p_a$ | 大气压力（kPa） |
| $P_{max}$ | 生态系统最大光合速率（$\mu$mol $CO_2$ m$^{-2}$ s$^{-1}$） |

续表

| 符号与缩写 | 注　释 |
|---|---|
| PAR | 光合有效辐射（400～700nm，W m$^{-2}$） |
| $PAR_i$ | 入射光合有效辐射（W m$^{-2}$） |
| $PAR_n$ | 净光合有效辐射（W m$^{-2}$） |
| $PAR_o$ | 反射光合有效辐射（W m$^{-2}$） |
| PF | 平面拟合 |
| Q | 能量平衡公式中其他源汇项之和（W m$^{-2}$） |
| Re | 生态系统呼吸（Mg C hm$^{-2}$ yr$^{-1}$） |
| RMSE | 均方根误差 |
| $R^2$ | 决定系数 |
| $R_d$ | 光响应曲线估计的生态系统暗呼吸速率（$\mu$mol CO$_2$ m$^{-2}$ s$^{-1}$） |
| $RE_d$ | $F_{s\_d}$相对于$F_{s\_E}$的相对误差（％） |
| $RE_c$ | $F_{s\_c}$相对于$F_{s\_E}$的相对误差（％） |
| $RE_\chi$ | $F_{s\_\chi}$相对于$F_{s\_E}$的相对误差（％） |
| R | 普适气体常数（8.315J K$^{-1}$ mol$^{-1}$） |
| $R_L$ | 长波辐射（W m$^{-2}$） |
| $R_{Li}$ | 向下长波辐射（W m$^{-2}$） |
| $R_{Ln}$ | 净长波辐射（W m$^{-2}$） |
| $R_{Lo}$ | 向上长波辐射（W m$^{-2}$） |
| $R_n$ | 净辐射（W m$^{-2}$） |
| $R_s$ | 短波（太阳）辐射，无特殊说明指入射短波辐射（W m$^{-2}$） |
| $R_{si}$ | 入射短波（太阳）辐射（W m$^{-2}$） |
| $R_{sn}$ | 净短波（太阳）辐射（W m$^{-2}$） |
| $R_{so}$ | 反射短波（太阳）辐射（W m$^{-2}$） |
| S | 土壤表面和涡度相关系统能量储存项（W m$^{-2}$） |
| SD | 标准差 |
| SMA | 标准主轴 |
| TR | 三次坐标旋转 |
| TS | LI-7500表面温度及加热效应估测方法：LI-7500表面热电偶实测 |
| T | 空气绝对温度（K） |
| $T_a$ | HMP45C测定的空气温度（℃） |
| $T_{amb}$ | 细丝热电偶测定的环境温度（℃） |

续表

| 符号与缩写 | 注　释 |
|---|---|
| $T_{bot}$ | LI-7500底部镜头温度（℃） |
| $T_{spar}$ | LI-7500支杆温度（℃） |
| $T_{top}$ | LI-7500顶部镜头温度（℃） |
| $T_i$ | LI-7500表面加热（℃） |
| $T_{ibot}$ | LI-7500底部镜头加热（℃） |
| $T_{ispar}$ | LI-7500支杆加热（℃） |
| $T_{itop}$ | LI-7500顶部镜头加热（℃） |
| $T_S$ | LI-7500表面温度（℃） |
| $U$ | 水平风速（m s$^{-1}$） |
| $u_m$ | 三维风速仪输出的瞬时或平均水平轴向风速（m s$^{-1}$） |
| $u_*$ | 摩擦风速（m s$^{-1}$） |
| $v_m$ | 三维风速仪输出的瞬时或平均侧向风速（m s$^{-1}$） |
| $w$ | 泛指垂直风速（m s$^{-1}$） |
| $w_m$ | 三维风速仪输出的瞬时或平均垂直风速（m s$^{-1}$） |
| $z$ | 垂直距离（m） |

# 目 录

前言
符号与缩写

## 第1章 涡动协方差方法概论 ......... 1
### 1.1 涡动协方差技术发展简史 ......... 1
### 1.2 涡动协方差技术原理 ......... 2
### 1.3 涡动协方差技术的优势与局限 ......... 3
### 1.4 研究涡动协方差理论与技术的必要性 ......... 5

## 第2章 涡动协方差技术研究进展与存在问题 ......... 6
### 2.1 山地通量塔周围风场与热学特征 ......... 6
### 2.2 $CO_2$ 浓度时空变化特征 ......... 7
### 2.3 不同 $CO_2$ 浓度变量计算 $CO_2$ 储存通量的误差 ......... 7
### 2.4 廓线系统采样方式引起的 $CO_2$ 储存通量估算的不确定性 ......... 8
### 2.5 超声风速仪倾斜校正对碳水能量通量的影响 ......... 9
### 2.6 开路涡动协方差分析仪加热效应对碳通量的影响 ......... 11
### 2.7 辐射测量方式对辐射与能量平衡闭合的影响 ......... 12
### 2.8 本书拟解决的主要科学与技术问题 ......... 13

## 第3章 研究地区概况与研究方法 ......... 15
### 3.1 研究地区概况 ......... 15
### 3.2 帽儿山通量塔仪器配置 ......... 17
### 3.3 数据处理与统计分析 ......... 19

## 第4章 风与热力学特征 ......... 31
### 4.1 风向变化 ......... 31
### 4.2 风速变化 ......... 32
### 4.3 温度梯度与稳定度 ......... 34
### 4.4 雷诺应力与阻力系数变化 ......... 36
### 4.5 风与热力稳定性和大气稳定度的关系 ......... 38

  4.6 讨论 ······ 43
  4.7 本章小结 ······ 45

## 第5章 $CO_2$浓度时空变化特征 ······ 46
  5.1 $CO_2$浓度及其相关因子的日变化 ······ 46
  5.2 $CO_2$浓度季节变化 ······ 48
  5.3 $CO_2$摩尔分数垂直变化 ······ 48
  5.4 $CO_2$摩尔分数变化的影响因子 ······ 49
  5.5 讨论 ······ 51
  5.6 本章小结 ······ 53

## 第6章 不同$CO_2$浓度变量计算温带落叶阔叶林$CO_2$储存通量的误差 ······ 54
  6.1 不同$CO_2$浓度变量计算储存通量的误差 ······ 54
  6.2 误差来源 ······ 55
  6.3 讨论 ······ 58
  6.4 本章小结 ······ 59

## 第7章 垂直配置与采样方式引起的$CO_2$储存通量不确定性 ······ 60
  7.1 $CO_2$干摩尔分数和储存通量的垂直分布 ······ 60
  7.2 廊线系统垂直配置对$CO_2$储存通量估测的影响 ······ 63
  7.3 单一廊线测量$CO_2$储存通量的不确定性 ······ 64
  7.4 $CO_2$混合比时间平均对$CO_2$储存通量的影响 ······ 66
  7.5 讨论 ······ 68
  7.6 本章小结 ······ 70

## 第8章 超声风速仪倾斜校正对涡动通量的影响 ······ 72
  8.1 坐标旋转对碳、水、能量涡动通量的影响 ······ 72
  8.2 坐标旋转对能量平衡闭合的影响 ······ 75
  8.3 倾斜角度与风向的关系 ······ 75
  8.4 坐标旋转对摩擦风速的影响 ······ 76
  8.5 坐标旋转对垂直风速的影响 ······ 77
  8.6 讨论 ······ 77
  8.7 本章小结 ······ 79

## 第9章 开路涡动协方差分析仪加热效应对碳通量的影响 ······ 80
  9.1 LI-7500表面温度与空气温度 ······ 80
  9.2 LI-7500表面加热对感热通量的影响 ······ 83
  9.3 LI-7500表面加热估计模型 ······ 84
  9.4 LI-7500表面加热对$CO_2$通量的影响 ······ 85
  9.5 讨论 ······ 87
  9.6 本章小结 ······ 89

# 第 10 章　辐射测量方式对辐射与能量平衡闭合的影响 ………………………… 90
## 10.1　辐射分量的平均日变化 …………………………………………………… 90
## 10.2　不同天气条件下辐射分量及其反照率 …………………………………… 94
## 10.3　能量平衡闭合 ……………………………………………………………… 96
## 10.4　白天 NEE 的光响应 ……………………………………………………… 98
## 10.5　讨论 ………………………………………………………………………… 99
## 10.6　本章小结 …………………………………………………………………… 102

# 附录 …………………………………………………………………………………… 103
## 附录 A　不同研究中估算储存通量的垂直廓线设计比较 …………………… 103
## 附录 B　普通最小二乘拟合与标准主轴回归比较 …………………………… 104
## 附录 C　15 个 2min $\chi_c$ 的 $F_s$ 的平均值等于 30min 平均 $\chi_c$ 的 $F_s$ 的证明 …… 105
## 附录 D　廓线系统配置组合效果 ……………………………………………… 106
## 附录 E　辐射转换模型 ………………………………………………………… 107
## 附录 F　太阳和地形几何 ……………………………………………………… 108
## 附录 G　直射和散射辐射拆分 ………………………………………………… 108
## 附录 H　坡面辐射模拟的关键结果 …………………………………………… 110

# 参考文献 ……………………………………………………………………………… 111

# 后记 …………………………………………………………………………………… 128

# 第1章

# 涡动协方差方法概论

## 1.1 涡动协方差技术发展简史

20世纪70年代以后，慢速响应闭路红外气体分析仪研制成功，同化箱（chamber）技术开始广泛用于测定叶片、木质器官、土壤和植被的$CO_2$交换量[1]。然而这种方法对微气象条件（温度、湿度、气压和风速以及光环境）产生扰动，而且将局部测定结果尺度上推到整个生态系统的气体交换量时容易产生较大的误差。测树学方法监测生物量变化也提供了碳储量长期变化数据，但其缺点是重复测量困难和时间分辨率低[2]。因此人们努力寻求新的技术和方法以降低这种不确定性，这就是涡动协方差（eddy covariance，EC）发展的重要推动力[3]。

20世纪70年代末至80年代初，商用的超声风速仪和快速响应开路红外气体分析仪研发取得重大进展，大大促进了EC技术的发展[3]。此时该技术开始广泛用于农业生态系统的碳水和能量通量研究，但主要局限在天气晴朗的白天。随着科学的发展，对森林碳水和能量通量的探索需求逐渐高涨，一些微气象学家开始尝试将EC技术用于森林生态系统的碳、水和能量通量观测。为了评价生态系统的长期碳、水和能量收支，观测时间也从白天逐渐扩展到全年连续监测。1990年，Wolfsy等[4]首次将EC技术用于美国哈佛森林（Harvard forest）年尺度的生态系统$CO_2$通量测定，开创了EC技术应用的新纪元。随后欧洲通量网（EUROFLUX，1996，后扩展为CarboEuro）[5]、美洲通量网（AmeriFlux，1997）相继成立，并成为全球通量网络（FLUXNET）的基础[6]。紧接着加拿大（Fluxnet-Canada）、亚洲（AsiaFlux）、澳大利亚（OzFlux）和韩国（KoFlux）等地区和国家也相继建立了区域通量网。中国陆地生态系统通量观测网络（ChinaFLUX）2002年正式建成[7]，开启了我国碳水能量通量观测的新篇章。目前全球通量网站点数量已经超过500个，我国EC通量观测站点也发展到200余个[8,9]。中国森林生态系统研究网络（CFERN）也正在大力发展EC通量长期观测。

EC通过测定垂直风速和$CO_2$等痕量气体混合比脉动协方差来计算植被冠层与大气界面的气体交换率，是生态系统尺度$CO_2$交换的直接测定方法[3,10,11]，在全球碳水循环中得到了广泛应用[12]，已经成为陆地生态系统碳、水平衡研究的不可缺少的基本工具[11,13]。

20多年来，微气象学家和EC仪器供应商不断的致力于发展EC技术[11]，越来越多的生态学家和农林学家应用该技术观测物质和能量通量[13]。各区域、全球通量观测网络的相继建立和不断壮大,为大尺度的长期联网观测提供了有力的支撑[7,11],为国际通量观测网络的建立提供了一个数据观测和共享平台[6]。科学家已经基于 EC 技术和模型手段评估了全球 $CO_2$、水汽和能量通量的时空格局及其调控机制,取得了令人瞩目的重大进展[14-24]。

## 1.2 涡动协方差技术原理

单点干空气质量守恒方程和标量守恒方程分别为[25]

$$\overline{\frac{\partial \rho_d}{\partial t}} + \vec{\nabla}(\vec{u}\rho_d) = 0 \tag{1.1}$$

$$\frac{\partial \rho_d \chi_s}{\partial t} + \vec{\nabla}(\vec{u}\rho_d \chi_s) + K_s \Delta(\rho_d \chi_s) = S_s \tag{1.2}$$

式中:$\vec{u}$ 为风速矢量;$\vec{\nabla}$ 和 $\Delta$ 分别为辐散和 Laplacian 符号;$\rho_d$ 为干空气密度;$K_s$ 为标量($CO_2$、水汽、空气温度等)干摩尔分数 $\chi_s$ 分子扩散;$S_s$ 是标量标量源/汇强度。

由式(1.2)可知,$S_s$ 量的变化速率(左边第一项)可以由大气传输(左边第二项)、分子扩散(左边第三项)和微小体积标量源生产/汇吸收(右边)所致。其中分子扩散项(左边第三项)比其他项小几个数量级,因此忽略。

式(1.1)应用于表层(surface layer,或称常通量层 constant flux layer)需要应用雷诺平均法和一系列假设。

应用雷诺分解和式(1.1),式(1.2)变为

$$\overline{\rho_d \frac{\partial \chi_s}{\partial t}} + \overline{\rho_d \vec{u} \vec{\nabla}(\chi_s)} + \vec{\nabla}[\overline{\rho_d \vec{u}' \chi_s'}] = \overline{S_s} \tag{1.3}$$

其中,上划线表示时间平均,撇号表示脉动。

该式表明变量的源汇项 $\overline{S_s}$ 由标量干摩尔分数变化率、标量空间梯度引起的平流和涡动通量的辐散共同决定。在空间上展开并假设干空气密度为常数,有

$$\overline{\rho_d \frac{\partial \chi_s}{\partial t}} + \overline{\rho_d u \left(\frac{\partial \chi_s}{\partial x}\right)} + \overline{\rho_d v \left(\frac{\partial \chi_s}{\partial y}\right)} + \overline{\rho_d w \left(\frac{\partial \chi_s}{\partial z}\right)} + \frac{\partial \overline{\rho_d u' \chi_s'}}{\partial x} + \frac{\partial \overline{\rho_d v' \chi_s'}}{\partial y} + \frac{\partial \overline{\rho_d w' \chi_s'}}{\partial z} = \overline{S_s} \tag{1.4}$$

为了满足 EC 方法用于测量生态系统通量,式(1.4)需要在水平方向一定面积上和垂直方向一定高度(土壤到测量高度)内积分。图 1.1(a)给出了均一地形 $CO_2$ 通量控制体积示意图。

积分后得到方程:

$$\frac{1}{4l^2}\int_{-l}^{l}\int_{-l}^{l}\int_{0}^{h_m}\left[\overline{\rho_d \frac{\partial \chi_s}{\partial t}} + \overline{\rho_d u \frac{\partial \chi_s}{\partial x}} + \overline{\rho_d v \frac{\partial \chi_s}{\partial y}} + \overline{\rho_d w \frac{\partial \chi_s}{\partial z}} + \frac{\partial \overline{\rho_d u' \chi_s'}}{\partial x} + \frac{\partial \overline{\rho_d v' \chi_s'}}{\partial y} + \frac{\partial \overline{\rho_d w' \chi_s'}}{\partial z}\right] dz dx dy$$

$$= \frac{1}{4l^2}\int_{-l}^{l}\int_{-l}^{l}\int_{0}^{h_m}\overline{S_s} dz dx dy \tag{1.5}$$

式(1.5)是完整的标量收支方程。它表明源汇(右侧)既可能存储在控制体积(Control volume)内(左边积分符号内第一项),也可能通过平流(左边积分符号内第二、第三和

## 1.3 涡动协方差技术的优势与局限

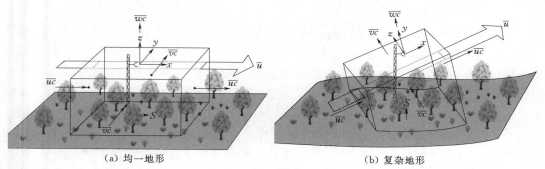

(a) 均一地形　　　　　　　　　　(b) 复杂地形

图 1.1　直角坐标系中的控制体积示意图

(图中 $u$、$v$ 和 $w$ 分别为纵向、侧向和垂直风速，$c$ 为 $CO_2$ 浓度，$S$ 为 $CO_2$ 源汇。引自文献[26]。)

第四项）或湍流通量（左边积分符号内后三项）传输。在这些情况下，源汇项代表空气体积内部和控制体积下限（土壤和凋落物）的源汇。这实质上定义了所研究生态系统上边界观测高度（$h_m$）。下边界为土壤底层，水平方向的边界（$l$）由研究尺度而定，一般在 100～1000m 数量级。

根据不同的假设，该方程可能有多种简化方式。最常见的简化，EC 测量系统安装在水平均质的平衡层内，此处水平梯度可以忽略，而且塔测量的干摩尔分数和湍流通量代表整个控制体积。坐标旋转使得平均垂直风速为零，这种情况下水平方向的通量项和垂直平流项均消除，方程简化为

$$\int_0^{h_m} \overline{\rho_d} \frac{\partial \overline{\chi_s}}{\partial t} dz + \overline{\rho_d} \overline{w'\chi_s'}\Big|_{h_m} = F_s \tag{1.6}$$

式（1.6）即为 EC 通量观测的基本方程，详细推导过程可参见文献[27]。其假设条件包括水平均质，标量浓度水平梯度可以忽略（没有水平平流），平均垂直风速（$w$）为零（没有垂直平流）。此时仅需要测定标量垂直湍流通量项和储存项。对 $CO_2$ 来说，净生态系统 $CO_2$ 交换（NEE）用式（1.7）表达[27]：

$$\text{NEE} = \overline{S_c} \approx \overline{w'c_c'}\big|_h + \overline{\chi_c}\left[\overline{w'c_v'} + c\frac{\overline{w'T'}}{\overline{T}}\right]_h + \overline{c_d}\big|_h \int_0^h \frac{\partial \overline{\chi_c}}{\partial t} dz \tag{1.7}$$

式中：$S_c$ 为 $CO_2$ 源/汇；右侧第一项为 $CO_2$ 湍流通量项，第二项为水热变化引起的密度校正项（WPL 项），第三项为观测高度以下的储存项，常用 $CO_2$ 和 $H_2O$ 廓线系统估计；$\rho_d$ 为干空气密度；$\chi_c$ 为 $CO_2$ 摩尔混合比；$t$ 表示时间；$\partial$ 为偏微分；$w$ 为垂直风速；$c_c$、$c_v$、$c$ 和 $c_d$ 分别为 $CO_2$、水汽、湿空气和干空气密度；$T$ 为空气绝对温度；$h$ 为观测高度；$z$ 为垂直距离。"$\overline{\phantom{x}}$"表示时间平均，"$'$"表示脉动。

## 1.3　涡动协方差技术的优势与局限

### 1.3.1　涡动协方差技术的优势

EC 方法的优势主要表现在以下 7 个方面：

(1) 作为微气象学方法的代表，EC 方法可以直接测定生态系统的物质和能量通

量[11]。其他方法多为间接测量。

(2) EC 技术测量空间范围较大，通量贡献区 (Footprint)[28] 通常 1~100hm²，这一尺度介于生态系统尺度的常规固定样地（通常<1hm²）与景观尺度之间，因此是连接地面测量与遥感测量的桥梁[29]。而通量联网观测可以实现区域（如 AmeriFLUX、ChinaFLUX）乃至全球范围（如 FLUXNET[6]）的碳通量观测，与其他方法相比具有非常明显的优势。

(3) EC 方法的时间尺度具有两方面的优势。首先，它的时间分辨率高[3]，森林可以达到 30min，农田可以达到 15min，因此极大地保留了生态系统过程的高频日变化特征，为精细研究奠定了基础。其次，它的时间跨度可以非常方便地延长至年代尺度[2]，为生态系统的长期观测提供了有效途径。目前第一批通量塔的连续观测时间已经超过 20 年[30,31]，其中哈佛森林已经达到 28 年。

(4) EC 方法建立观测塔对生态系统扰动很小，而且观测期间最大限度地保持了所观测生态系统的自然条件不变，因此 EC 法对生态系统几乎没有扰动[3]。

(5) EC 方法可以同时观测多种标量通量。理论上讲只要气体分析仪能够测定的痕量气体，均可以观测其通量[2,13]。目前最常用的是能量、水汽、$CO_2$、$CH_4$、$O_3$ 等通量[2]，通常标准配置为碳、水和能量通量[32]。这使得 EC 技术在多种温室气体通量的耦联关系研究中具有极大的优势。

(6) 标准的通量塔配备相关环境因子的观测，而且通量塔非常方便实现扩展观测[13]，如可以通过物候相机、叶绿素荧光仪等扩展仪器设备得到更精细全面的碳通量调控因子监测，为深刻理解生态系统碳循环过程提供了可能。

(7) EC 法所需的人力较少[33]。通量塔建设与仪器安装时需要耗费一定人力和时间，正常运行后则仅需要少量维护，尤其是开路系统更方便[13]。

以上这些优势促使它逐渐成为生态系统水平测定碳水能量通量的标准方法[2]。

### 1.3.2 涡动协方差技术的局限

任何方法都不太可能完美无瑕，EC 法也有自身的局限性，主要表现在以下 7 个方面：

(1) 研究尺空间度不适用于小尺度研究[33]，如小于 1hm² 样地不能应用该方法。

(2) 容易受到低湍流环境条件影响而产生系统误差[34,35]。EC 法主要测定湍流通量，因此低湍流条件下极易发生通量低估，因为此时平流通量往往不可忽略，甚至占单点物质守恒方程式 (1.5) 的主导地位。

(3) 易受复杂地形条件影响[36,37]。复杂地形容易造成平流通量不可忽略，这使得复杂地形通量观测难度较大[38-40]。但森林恰恰大多分布在复杂地形条件下，因此通量观测难度大。

(4) 能量平衡不闭合问题尚不能很好地解决。湍流能量通量低于或高于可利用能量，称之为能量平衡不闭合[41]。全球平均来看，湍流能量通量低于可利用能量[12,42,43]。若辐射能量通量测量误差不大，而且碳通量与能量通量湍流传输相似，这暗示全球碳通量也可能被系统低估。

(5) NEE 通量拆分为总初级生产力 (GPP) 和生态系统呼吸 (Re) 理论仍然不完

善[44]。EC 法直接测定 NEE，目前的通量拆分可能存在一些问题，如夜间通量低估会通过误差传递影响 GPP 的估计，而白天叶片暗呼吸作用的光抑制现象也影响 GPP 和 Re 估计[45]。

（6）通量拆分仅能估计 GPP 和 Re，不能提供呼吸作用组分以及碳分配参数[33]。

（7）EC 理论需要微气象学基础[11]，且数据处理技术较为繁琐，因此对研究人员的要求较高[33]。

## 1.4 研究涡动协方差理论与技术的必要性

各站通量数据的精度和可靠性是全球碳循环评估和预测的基石，研究 EC 方法在复杂条件下应用的关键技术问题是提高各站数据可靠性的重要途径。尽管 EC 方法应用越来越普遍，但毕竟正确应用该技术需要扎实的电子科学、湍流理论、生物物理学和微气象学基础[11]，不恰当地应用该技术会引起较大的误差。全球陆地生态系统碳通量的直接估计结果仍然存在很大的不确定性，尤其是生态系统呼吸作用偏低和净生态系统生产力（NEP）偏高[17]。生态系统尺度的微小系统误差，在区域和全球尺度上的累积起来就会不可忽略。在国内，Yu 等[9]利用我国通量观测数据分析了 $CO_2$ 收支的纬度格局及其气候控制，Zhu 等[46]基于我国陆地生态系统 EC 联网观测数据估算的 21 世纪初我国陆地 NEP 为 $1.91 Pg\ C\ yr^{-1}$（$1Pg=10^{15}g$），明显高于同类研究结果[47]。全球 $CO_2$ 收支估计也表明，EC 方法可能存在系统偏差。正如 Jung 等[17]指出，$8g\ C\ m^{-2}\ yr^{-1}$ 的系统误差将导致全球尺度 $1Pg\ C\ yr^{-1}$ 的误差。Wang 等[48]对比全球 EC 与测树学方法发现，在全球尺度上森林生态系统的 NEP 差异可达 $2Pg\ C\ yr^{-1}$，接近全球森林净碳汇 [$(1.1\pm 0.8)\ Pg\ C\ yr^{-1}$][49] 的 2 倍，比陆地生态系统的净碳汇（$1.5\sim 1.9 Pg\ C\ yr^{-1}$）[50,51] 还要大。显然，这样的不确定性是全球碳循环、全球系统科学和全球变化科学无法接受的。为了更好地发挥通量观测网络在全球碳水循环以及气候变化等领域的作用，有必要进一步研究 EC 理论与技术问题。

在全球变化背景下，地球系统碳循环越来越受重视[23,52-54]。各生态系统类型中，森林在全球碳、水循环以及生命系统维持等方面具有不可替代的作用[49,54]。森林也是陆地生态系统各类型中最复杂的，其丰富的树种组成、高大的冠层和明显的空间变异等特点决定了碳、水能量收支的测定难度[55]。由于全球尺度森林碳汇的直接评估大多是以生态系统尺度为基础通过尺度扩展实现的，因此提高森林生态系统碳、水和能量收支测定的可靠性对于精确评估森林在调控全球碳、水循环中的作用至关重要[32,56]。

然而，大部分研究人员把注意力集中于大尺度的空间格局以及气候响应模拟方面，只有少数微气象学家和生态学家仍然致力于解决 EC 技术本身的问题，比如仪器系统对比[57]、平流效应推断和数据筛选[58,59]。这造成 EC 方法和技术本身进步远远滞后于其实践应用，在复杂条件下容易产生较大误差。EC 技术应用越来越广泛，为了更好地代表各类生态系统和气候以及地形条件，复杂地形和植被条件的应用越来越多，解决其理论和实践应用中的关键问题迫在眉睫。

# 第 2 章

# 涡动协方差技术研究进展与存在问题

## 2.1 山地通量塔周围风场与热学特征

在山地条件下，山谷坡面上和周围地区不成比例的空气加热和冷却导致山谷环流，亦称之为山谷风系统[60]。在夜间，由于表层逆温，气流通常沿山坡或山谷向下吹；而在白天，由于辐射加热和温度递减，气流通常沿山坡或山谷向上吹[60]。在坡面单一的地形下，泄流强度取决于坡度、与山顶的距离、大气稳定度和冠层结构[61-65]；在复杂的地形条件下，泄流强度可能受到坡风和谷风相互作用的影响[66-70]。在典型的山谷地形下，山坡上方的空气因为负辐射收支而逐渐冷却，往往在日落前地面就形成逆温层。山坡上的冷空气由于重力作用大于浮力作用而开始向下移动，并逐渐在谷地汇合增强，最终产生沿山谷向下的泄流[68]。由于大多数山谷下坡风和山谷下行风在方向上互相垂直，下坡风层经常出现强烈的风向切变[70]。日出后，辐射加热逐渐打破逆温层[71]，随后逐渐将下沉气流转化为上升气流[60]。森林主要分布在山区，这导致比裸露山地更加复杂的气流特征[63,72,73]。这类气流格局产生复杂的标量传输过程，导致山地条件下难以应用 EC 技术[39,58,74]。

森林冠层高大，且通常分布在山区，其风场比低矮植被（如草地和农田）的复杂得多[63,72,73]。当山坡被高大、茂密的森林覆盖时，面向夜空的辐射表面从地表向上转移至林冠表面[75]，甚至在冠层下方形成逆温[38,76,77]。这些情况与冠层开敞的森林或裸露的地表完全不同。在高大茂密的林冠下，有时能观测到持续的夜间向上和白天向下的亚冠层气流格局[79,80]，这与典型的热力驱动风相矛盾[60]。浓密冠层的风场的另一个显著特征是泄流核心可能超出冠层高度[77,80]。然而，冠层密度对产生解耦亚冠层和上升/下沉气流的影响仍然不为人所知[81]。

大多数关于风场的研究都集中在夜间气流，特别是在生长季节，很少考虑到小尺度热驱动气流的季节性变化[78,80,82]。森林冠层上下气流的日间耦联/解耦联研究仍然很少[35,78]。然而，由于风场因地点而异，因此需要更多的研究来获得复杂地形中冠层风的普遍规律。山谷侧壁的坡风和谷底上方的大气边界层过程的组合可能会引起谷风[60]，但是森林地区的坡风和谷风之间的相互作用仍然知之甚少[69,78,79,83]。

## 2.2 $CO_2$ 浓度时空变化特征

大气 $CO_2$ 浓度常用摩尔分数（$c_c$）、干摩尔分数（$\chi_c$）或密度（$\rho_c$）表达，它与森林植被活动息息相关。一方面，森林碳代谢会影响 $c_c$ 的变化[84,85]，另一方面，林冠层 $c_c$ 的时空变化又是影响植被光合生产力的一个重要因素[86,87]。因此，研究生态系统尺度的 $c_c$ 时空变化对于森林碳通量的拆分及其动态具有重要的意义，主要表现在：①$c_c$ 变化是涡动协方差碳通量观测的重要补充[88]，是研究森林生态系统内部 $CO_2$ 再循环的必要环节[89,90]；②$c_c$ 廓线和水平梯度是研究 $c_c$ 储存通量[91,92]和平流效应[37,93]的基础。尽管如此，但与大尺度的 $c_c$ 观测相比，生态系统尺度的 $c_c$ 时空变化研究尚不多[94]。

在植被和土壤碳代谢[95,96]与大气边界层[94,95,97]的共同作用下，森林 $c_c$ 表现出明显的日变化、季节变化和垂直格局。$c_c$ 日变化通常呈单峰格局。早在 20 世纪中叶，DeSelm[98]就系统总结了早期研究，并观测了美国一个山毛榉林不同高度 $c_c$ 日变化。DeSelm[98]认为土壤呼吸是林下 $c_c$ 的主要影响因子，并且对光合作用的贡献很大。国内有报道北京辽东栎落叶阔叶林[99,100]、长白山阔叶红松原始林[101,102]、小浪底人工林[103]、泰山人工林[104]、亚热带毛竹林[105]、热带季节雨林[94]的 $c_c$ 日变化特征。生长季温带森林的日变化格局均呈"单峰"格局，非生长季则日变化很小；而谭正洪等[94]在西双版纳特殊地形下观测到了近地层 $c_c$ 具有"双峰"格局。Buchmann 等[95]对多种森林类型的研究表明，森林冠层密度和林型及林下植物均不同程度地影响 $c_c$ 的日变化格局。

森林 $c_c$ 也存在明显的季节动态，尤其是季节分明的中高纬度地区更为显著。温带和北方森林林冠上 $c_c$ 在春季展叶之前达到峰值，夏季末期出现低谷[96,106]。林地 $c_c$ 夏季波动远远大于冬季[98,107]。夏季强烈的光合作用可以将冠层内 $c_c$ 降到冠上自由大气 $c_c$ 以下[95,96]，其他季节林内 $c_c$ 通常高于林冠上。而热带雨林则表现为雨季和旱季的 $c_c$ 变化特征的差异[88,94,108,109]。

## 2.3 不同 $CO_2$ 浓度变量计算 $CO_2$ 储存通量的误差

NEE 包括 $F_c$、$F_a$ 和 $F_s$ 三部分 [参见式（1.5）][62]。在强湍流、冠层水平均质、有足够长的风浪区、大气稳态的理想条件下，$F_c$ 基本上等于 NEE[3]。然而，野外条件很难达到理想状态，忽略 $F_a$ 和 $F_s$ 的贡献会导致低估 NEE 的大小，在冠层高大的森林生态系统尤其如此[110,111]。人们已经对提高 $F_c$ 和 $F_a$ 测量精度做了大量工作[11]，但很少有研究探讨 $F_s$ 的误差[112]。在短时间尺度（如 30min）上，特别是在清晨、傍晚和夜间，$F_s$ 会起重要作用[91,111,113]。因为估计年 NEE 时数据插补过程中存在潜在误差传递[110]，$F_s$ 应该予以考虑。只要 $F_s$ 处理得当，静风夜晚的 NEE 低估在考虑摩擦风速（$u_*$）[110,111]或夜间最大呼吸时段[114]过滤之后会大幅降低。

计算通量时，表示 $CO_2$ 浓度的变量很不统一[115]。由于不同浓度变量对大气水热过程的守恒性不同（表 2.1），为减小 NEE 计算过程中大气水热过程引起的误差，计算通量时

# 第2章 涡动协方差技术研究进展与存在问题

需要考虑大气水热过程对不同浓度变量的影响[115]。$\rho_c$对大气水热过程均不守恒,因此利用$\rho_c$计算$F_c$需要同时剔除水热变化而引起的$CO_2$通量变化[27,115-120];$c_c$对空气温度($T_a$)和大气压强($P_a$)变化过程守恒,因此利用$c_c$计算$F_c$只需要剔除水蒸气($V$)变化所引起的$CO_2$通量变化[116];$\chi_c$对大气水热过程均守恒,可直接用于$F_c$计算而无需进行密度校正[116,117,120]。然而,大部分通量站点使用的红外气体分析仪(IRGA)并不能直接输出$\chi_c$(表2.1)。注意LI-7810/LI-7815(LI-COR)作为光反馈-腔增强吸收光谱技术分析仪也能测量或计算$\chi_c$。尽管Webb等[116]早在1980年就强调了$\chi_c$在通量计算中的优势,后来的研究也一再重申这一观点[117,118,120],但$\chi_c$在$F_s$计算中并未引起足够的重视。如有研究利用$\rho_c$计算$F_s$[103,111,122-124];也有研究利用$c_c$计算$F_s$[109,125]。这将在一定程度上为NEE的精确估算带来误差[27,120]。迄今尚没有关于用不同浓度变量计算$F_s$时引起误差的研究报道。鉴于$CO_2$通量的重要性[3,126],而且表示$CO_2$浓度的变量目前还不统一[117],亟须量化和阐明基于不同浓度变量计算$F_s$的误差。为此,本书将以温带阔叶落叶林为例,利用帽儿山通量塔8层$CO_2/H_2O$廓线数据,计算通量观测控制体积内部的$CO_2$有效储存通量($F_{s\_E}$),以$F_{s\_E}$为标准计算基于不同浓度变量计算$F_s$的误差,并分析产生误差的原因。

表2.1 大气$CO_2$浓度变量的单位、常用红外气体分析仪及其对大气扩散过程的守恒性

| 浓度变量 | 定义 | 单位 | 分析仪类型 | 分析仪型号(供应商①) | 对大气过程的守恒性 | |
|---|---|---|---|---|---|---|
| | | | | | 热量传输、膨胀和压缩 | 蒸发、水汽扩散 |
| 密度($\rho_c$) | 单位体积空气中$CO_2$的质量(分子数) | mol m$^{-3}$ (kg m$^{-3}$) | 开路 | LI-7500RS/DS(LI-COR) LI-7500A(LI-COR) LI-7500(LI-COR) IRGASON(CSI) EC150(CSI) | 不守恒 | 不守恒 |
| 摩尔分数($c_c$) | $CO_2$与空气分子数的比值 | mol mol$^{-1}$ | 闭路 | LI-7000(LI-COR) LI-6262(LI-COR) LI-840A(LI-COR) LI-840(LI-COR) LI-820(LI-COR) | 不守恒 | 守恒 |
| 混合比($\chi_c$) | $CO_2$与干空气质量(分子数)的比值 | kg kg$^{-1}$ (mol mol$^{-1}$) | 新式闭路 | LI-7200(LI-COR) EC155(CSI) | 守恒 | 守恒 |

① CSI为美国Campbell Scientific公司。

## 2.4 廓线系统采样方式引起的$CO_2$储存通量估算的不确定性

森林$F_s$测量的首要问题是廓线系统采样点的垂直配置。$CO_2$浓度时空变化引起的不确定性是$F_s$的一个基本问题。单一通量塔设计的$F_s$通常由单一$CO_2$浓度廓线估计[91]。简单的文献综述凸显出$CO_2$浓度廓线系统的采样设计差异很大,例如采样层次的数量及其垂直分布、测量完整一轮廓线所需时间以及有效测量时间比例(附录A)。假如缺乏廓线系统,最简单的配置是单点$CO_2$浓度测定,即EC系统测定的$CO_2$密度变化。一部分研究发

现 EC 系统的单点 $CO_2$ 浓度变化计算的 $F_s$ 与廊线法计算的结果无差异,因此认为单点法能够代替廊线法[122,127,128]。这一假设在很多没有廊线系统的情况下得到了广泛的应用[110];然而另一部分研究则认为两种方法的结果差异很大,不能利用单点法代替廊线法[27,111,129,130]。准确测定 $CO_2$ 混合比廊线所需的采样层数取决于冠层高度和复杂程度[131]。例如,Yang 等[115]报道,要想得到与北方杨树林一样的准确度[129],Missouri Ozark 站需要的采样层数更多,这可能是因为两林冠复杂程度差异造成的。但我们并不清楚两个站点的不同地形是否也起到了一定作用。本书探讨帽儿山通量站冠层复杂的落叶阔叶林 8 层廊线的垂直配置。本站点地形为谷底,通量塔位于山谷一侧山坡的下坡位。本书将检验林冠复杂程度与地形对采样层数及其垂直配置的相对重要性。

$F_s$ 测量的第二个问题是廊线系统单一 IRGA 每层间歇性采样造成的不确定性。为了避免不同分析仪之间的系统误差,$CO_2$ 浓度梯度测量系统(包括垂直廊线和水平梯度)采用单一 IRGA 多层轮流采样设计[131]。各层进气口的空气被依次流过多路器并用 IRGA 测量 $CO_2$ 浓度[131,132]。因此,各层实际上均为间歇性采样,每个高度的有效测量时间大大短于通量平均周期(单一廊线系统平均周期为 8%~80%,附录 A)。由于 $CO_2$ 浓度时间序列存在周期性波动,其振幅和周期是多变的,因此这种间歇性采样可能造成一些信息的损失而对 $CO_2$ 浓度梯度和 $F_s$ 带来较大的不确定性[133-135]。据 van Gorsel 等[134]在澳大利亚的冠层开阔的桉树林的一项研究,用 5min 采样代表通量平均周期(1h)的 $CO_2$ 平均浓度将导致 $F_s$ 的不确定性为 0.9 $\mu mol\ m^{-2}\ s^{-1}$,相对于 $F_s$(0.3 $\mu mol\ m^{-2}\ s^{-1}$)和 NEE(6.0 $\mu mol\ m^{-2}\ s^{-1}$)来说是很大的。但在复杂的森林冠层,间歇性采样给 $F_s$ 带来的不确定性仍然不清楚。

测量 $F_s$ 的另一个重要问题是廊线系统 $CO_2$ 浓度的时间平均会造成 $F_s$ 乃至 NEE 大小的低估。理论上讲,$F_s$ 应该由通量观测控制体积内,通量平均周期(通常 30min)开始和结束时不同高度平面上空间平均瞬时 $CO_2$ 浓度的差值计算的[91]。但由于通量观测通常只有一个塔,很难观测面平均 $CO_2$ 浓度,而单点的瞬时 $CO_2$ 浓度测量往往带有很大随机性而不能代表平面 $CO_2$ 浓度。为了减小噪声,实际计算 $F_s$ 均采用时间平均代替空间平均[91]。Finnigan[91]认为,由于理论上时间平均相当于低通滤波,$CO_2$ 浓度的高频变化均被过滤掉,时间平均将导致 $F_s$ 绝对值被系统低估。Yang 等[111]利用 EC 系统测定的高频连续 $CO_2$ 密度(mg $CO_2\ m^{-3}$)时间序列计算平均时间的窗口大小对 $F_s$ 的影响,定性地证实了 Finnigan[91]的结论。但 Ohkubo 等[97]研究了马来西亚一个热带雨林的 10 层 $CO_2$ 密度廊线,认为用 5min、15min 与 30min 的 $\rho_c$ 平均值计算的 $F_s$ 没有差异。二者的差异是否由单点和廊线造成尚未可知。此外,这两个案例都是基于 $\rho_c$ 计算的 $F_s$,而 Kowalski[115]和 Gu 等[27]认为应该采用对大气过程守恒的 $\chi_c$ 计算 $F_c$ 和 $F_s$,否则就必须进行密度校正。目前尚鲜见基于廊线系统 $\chi_c$ 研究时间窗口大小对 $F_s$ 影响的报道。

## 2.5 超声风速仪倾斜校正对碳水能量通量的影响

EC 方法主要通过快速响应仪器测量冠层上方垂直风速与标量高频脉动(通常 5~

20Hz)，计算一定时间（30min 或 60min）内的两者协方差而得到物质和能量湍流通量。垂直风速脉动采用三维超声风速仪（如 CSAT3，Campbell Scientific，USA）测定，空气温度脉动通过超声风速仪的超声虚温转化而来，$CO_2$ 和水汽脉动则用非色散红外气体分析仪或激光分析仪测定。为了满足通量观测方程的基本假设，EC 通量观测地点的选取应该遵循地形平坦、通量风浪区（Fetch）足够大和植被异质性小等原则[13]。高大的森林生态系统主要分布在山区，通常难以满足这些基本原则[136,137]。因此，由高频时间序列计算的原始通量必须经过一系列的校正才能应用[11]。主要校正步骤包括：野点去除、延时校正、超声虚温校正、倾斜校正（坐标旋转）、频率响应校正和密度校正。这些校正步骤的重要性因站点而异，但对开路 EC 系统来说最重要的通常是密度校正[11]。

EC 通量观测通常是在固定的单点进行的，因此必须选择一个坐标系来测量物质守恒方程的各项通量[26]。绝大多数通量站点地形并不平坦，而且超声风速仪安装也很难保证水平，超声风速仪坐标系不可能与不断变化的风场始终保持平行，即平均风速垂直分量不为零[138]，因此坐标旋转是数据处理的必要步骤。坐标旋转（或称为超声风速仪倾斜校正）的本质是参考坐标系的选择问题[26,139,140]，复杂地形条件下的 EC 数据处理方法以及气流场分析仍然是通量观测的热点问题[58,59,141-143]。目前已有不少研究比较了常用的二次坐标旋转（double rotation，DR）、三次坐标旋转（triple rotation，TR）与平面拟合（planar fit，PF）方法对通量的影响，大部分研究者倾向于选择 PF 法或 DR 法[11,144]。但复杂地形条件下不同方位的坡度可能差异很大，有时难以拟合出一个平面[145]，因此有人认为采用分风向区拟合的 SWPF 法（sector-wise planar fit）可能更适宜[146]。

通量观测中坐标系选择和旋转的基本指导原则是选择一个坐标系来测量物质守恒方程的各项通量[147]。尽管通量观测的坐标旋转方法有一些共识，但目前并没有统一的方法。分时段独立法包括 DR 和 TR[145]，计算方便，是地形平坦条件下的一种有效坐标旋转方法[26]；但旋转后的 $x$-$y$ 平面是一个动态变化的平面，常常因垂直风速的随机误差而产生较大的侧向应力误差[148]，并可能由于高通滤波效应而低估通量的低频贡献[26]。为此，有人提出一种基于长期风场变化寻找一个长期参考平面的思想[136,137,148]，其中以 PF 法最为常见[148]。PF 法可以有效降低高通滤波效应，因而受到更多研究者的青睐[26,139]。然而，在起伏不平的复杂地形条件下，传统的 PF 法受到质疑[145]，因而有研究者主张采用 SW-PF 法解决这一问题[146,149,150]。但该方法在复杂地形条件下有可能减小通量[146]。

由于坐标系的选择对复杂地形条件下的通量观测至关重要[140]，因此有必要评价不同坐标旋转方法对通量计算结果的影响[151]。坐标旋转不当可能造成通量观测结果的系统误差，而由于误差是系统性的高估或低估，其累计效应对长期通量观测不可忽略[144]。国内外已有不少研究比较 DR、TR 和 PF 对感热通量（sensible heat flux，H）、潜热通量（latent heat flux，LE）和 $F_c$ 的影响[148,152,153]，但至今很少有研究详细比较不同坐标旋转方法对碳、水、能量通量造成的误差。例如：朱治林等[145]比较了 ChinaFLUX 的 4 种不同类型生态系统（禹城农田、内蒙古草原、长白山针阔混交林和千烟洲常绿针叶林）发现，TR 校正的 $F_c$ 可能大于也可能小于 DR 校正的通量；与 TR 法相比，PF 校正的 H 和 LE 在坡面均匀的长白山站的差异不大，但在地形起伏的千烟洲站则降低了 6%。吴家兵等[154]发现长白山站经过趋势去除后，TR 和 PF 对 $F_c$ 校正量的差异很小。徐自为等[155]在密云观测站的研究发现，DR 与 PF 得到的能量通量比较一致，而 TR 则降低了 6%，认为应该优先考虑 PF，其次为 DR。最近王琛等[156]对比了 SWPF 法与传统 PF 法对南京市区和郊区通量的影响。由于湍流过程是相对于重力线，而非垂直于坡面发生的，因此将坐标旋转到垂直于坡面也有争议[157]。由此可见，对于最优坐标系的选择尚无一致的认识，有必要系统比较不同坐标旋转方法对通量的影响，以便降低 EC 通量观测的不确定性，发展 EC 通量观测方法论。

根据热力学第一定律，生态系统能量收支应该闭合，即进入生态系统的净辐射能量输入与生态系统内部的能量储存之差，应该等于湍流能量通量（H 和 LE 之和）。能量平衡是衡量碳、水和能量 EC 通量观测可靠性的一种方法[158]。由于能量平衡是评价通量观测数据质量的独立标准，因此从能量平衡角度比较不同坐标旋转方法的优劣更为客观。但至今鲜有研究评价坐标旋转方法对能量平衡的影响。郑宁等[159]通过比较 DR 法和 PF 法的能量平衡闭合率（energy balance ratio，EBR）发现，农田防护林生态系统中采用 DR 法（比旋转前的绝对量提高了 16%）优于 PF 法（提高了 9%），而森林生态系统中采用 PF 法（提高了 12%）优于 DR 法（提高了 4%）。这种差异需要在不同地形条件和植被类型的站点加以验证。

## 2.6　开路涡动协方差分析仪加热效应对碳通量的影响

根据红外气体分析仪的光路是否暴露在空气中，$CO_2$ 通量的涡度相关测量系统可分为开路（open-path，OP）和闭路（closed-path，CP）两种[160]。开路系统的主要优势是响应快、功耗小、日常维护量小[160]，这些特点决定了开路系统更适合于偏远地区的通量观测。随着研究的发展，一些研究发现，OP 系统在陆地生态系统非生长季观测到吸收 $CO_2$ 的现象[161,162]，这违背了基本的生态学和生物学规律，显然是仪器误差造成的虚假碳吸收，一般称为 OP 表面加热效应[163]。OP 表面加热效应对 $CO_2$ 年通量的影响很大，从欧洲地中海气候森林到北方森林，加热效应对净生态系统交换（NEE）的影响可达 129~190 $g\ C\ m^{-2}\ yr^{-1}$，加热效应的大小与研究地点的年均温呈显著负相关关系[164]。在加拿大北方森林，其校正量接近 200 $g\ C\ m^{-2}\ yr^{-1}$[165]，而在东亚地区站点的校正量平均为 143 $g\ C\ m^{-2}\ yr^{-1}$[57]。由此可见，加热效应对寒冷地区的 $CO_2$ 通量观测数据至关重要。

全球很多站点已经积累接近 20 年的涡度相关（EC）数据，很大一部分数据由 OP 系统所测定。我国最早的通量观测也已经持续 10 年以上，正在运行的超过 200 套[8]，且绝大多数均采用旧式 OP 系统[166]。为了校正这些宝贵的历史 EC 数据，非常有必要发展完善校正方程，建立适合 LI-7500 表面加热效应校正方法。尽管国际上通量观测理论与应用并行发展，仪器供应商紧跟理论发展不断推出新型仪器，然而从成本上讲，不可能也没有必要将服役中的旧式仪器全部更换为新式仪器，LI-7500 仍将获取大量数据。因此，研究 LI-7500 表面加热效应仍然是一个具有重要实践意义的课题。

OP 表面加热效应主要表现在寒冷季节，红外气体分析仪的自身电子元件运行产热和太阳辐射增温导致红外气体分析仪路径产生加热效应，即改变了红外气体分析仪路径的感热通量，这会影响 WPL 校正从而给 $CO_2$ 通量带来一定的系统误差。为解决这一问题，

LI-Cor公司的Burba等[163]经过一系列试验,建立了垂直安装LI-7500的经验校正方程。Burba经验校正方程已经得到广泛应用。从欧洲的地中海气候森林到北方森林,加热效应的大小与研究地点的年均温呈显著负相关关系[164]。但Ueyama等[57]发现,东亚地区站点的校正量与温度没有显著关系。然而,越来越多的研究人员发现Burba经验方程并不能很好地校正加热效应[57,162,167]。Bowling等[168]对比OP系统与CP系统后,也认为不校正时两种系统更为接近。Ueyama等[57]在日本4个站点的研究发现,即便校正OP系统的加热效应,仍然不能消除非生长季的碳吸收现象。从以上研究可以看出,Burba方程并不能很好地解决OP系统的表面加热效应。不同研究分歧很大。尽管如此,很少有研究实测加热效应。例如,Emmerton等[169]报道的两个北极生态系统LI-7500底部窗口温度的预测方程不一致。国内只有两项研究直接应用Burba方程探讨了加热效应[170,171],尚缺乏直接测定。在更多站点尤其是森林站评估和测定OP表面加热效应是一个亟待解决的课题。

从建立经验校正方程方法的角度看,解决LI-7500加热效应的更好策略是直接测定其表面增温或平行对比LI-7500与CP系统得到经验方程[163,172]。在细丝铂金电阻成功应用[173]之后,本书将尝试采用细丝热电偶直接测定LI-7500光路和超声风速仪声路旁边的高频空气温度,实测加热效应并与Burba方程进行比较,检验Burba方程的正确性。

## 2.7 辐射测量方式对辐射与能量平衡闭合的影响

EC方法能量不闭合的问题普遍存在[42,158]。我国森林EBR一般为71%~91%[174-178],不闭合度(9%~29%)处于全球中等水平,但处于山谷中的西双版纳热带雨林站的能量平衡闭合度(energy balance closure, EBC)只有58%[174,179]。以往研究认为能量不闭合的主要原因包括[174,180]:①净辐射与湍流通量观测面积不匹配,辐射表观测范围一般为10~1000 m$^2$,而湍流通量贡献区一般可达100~100000 m$^2$量级;②仪器偏差,比如净辐射表偏差;③忽略了部分能量储存项,比如植被冠层能量储存和光合作用吸收热能;④湍流通量高频损失;⑤湍流通量低频损失;⑥平流作用,包括水平平流和垂直平流(气流辐合/辐散)。然而最近研究表明,半小时尺度的能量储存[42]、EC未考虑的通量贡献项(低频通量损失、中尺度环流、平流通量损失)[43,181,182]和非正交风速仪低估垂直风速导致的通量低估[179]以及坡面辐射采用水平安装净辐射表测量的误差[183]才是能量平衡不闭合的最主要原因。

除了土壤、枯落物层和空气的热储量,森林生态系统地上生物量也会储存很大一部分能量[184]。其包括树种之间的变异、个体(直径差异)、树干径向、轴向和周向三维变异以及树枝的空间变异[185],这给能量储存测定带来很大的挑战。Berbigier等[186]用94个热电偶传感器测定温度的空间变异,但另一些研究采用的传感器数量和位置少得多:Oliphant等[187]的探针数量是33个,Lindroth等[185]采用32个探针,McCaughey[188]用10个探针,Haverd等[189]仅测量了2cm深树干温度而用模型模拟。另外,树种之间的差异仍然是一个薄弱环节。采用大量探针测定种间、种内和个体内温度变异能够更好地计算和模拟生物量能量储存。另一种考虑能量储存项的方法是采用EBR,即一段时间的累积或平均能量收支计算湍流能量与可用能量比。

迄今为止，我们仍然不能很好地解释复杂地形条件下能量平衡不闭合的本质。而且是否校正以及如何校正能量不闭合引起的水汽通量和$CO_2$通量仍然存在争议，波文比法[41]、倾向于潜热通量和倾向于感热通量校正的优劣仍无定论[181]。事实上，全球森林主要分布在地形复杂的山区地带，而且森林植被的空间异质性往往高于陆地其他生态系统类型。由于森林在全球碳、水、能量收支中至关重要，EC 系统不得不设置在这些复杂地形条件下。景观异质条件下的森林能量收支不闭合的原因及其后果是 EC 技术最为重要的科学问题之一。

辐射表是测量局域尺度辐射和反照率的常用仪器[190,191]。为了方便安装和不同地点比较，辐射表通常水平安装[192]。对于占全球总地表面积的 1/4 的山地区域[193]来说，水平安装的辐射表的半球视角与下垫面接收或者反射辐射平面并不垂直[194]。因此，水平安装辐射表对于测量坡面辐射并不合适[190,191]。然而很少有研究评估辐射表安装方式对非平坦地形的辐射分量和反照率测量的影响。大多数研究用水平安装的辐射表验证卫星遥感反照率[195,196]，仅少数人采用平行于坡面的传感器[194,195]。地形对辐射分量[183,197,198]和反照率[191,199,200]的影响可能与地理位置和地形几何有关。然而，传感器安装方式如何影响倾斜地形下不同波段辐射强度和反照率的日变化和日平均值尚不清楚。

在全球通量网（FLUXNET）中[201]，即使是倾斜地形，EC 系统的风速仪和辅助观测的辐射表大多水平安装。坡面湍流通量计算的关键问题是倾斜校正，即，将风速仪的坐标旋转到与平均气流正交，通常采用 PF 法或 DR 法旋转[42,147]。然而辐射测量通常没有校正到与湍流能量通量相同的平面上。因此，净辐射（或可利用辐射）与湍流能量通量之间通常存在相位偏移，从而给 EBC 带来误差[183,191,202,203]。在倾斜地形，水平测量的净辐射（$R_n$）减去土壤热通量（$G_0$）与观测的 H 和 LE 不匹配。两种可能的解决方案是：①平行于坡面测量 $R_n$[183,197]；②通过类似于 EC 数据处理中"倾斜校正"的数学方法将水平辐射转换到坡面上[151,183,191,202-204]。然而这些方案的影响需要进一步评估[183]。①校正后的湍流热通量与平均气流正交可能与当地坡面非完全平行[140]。②将水平测量的辐射转换到坡面坐标需要拆分直射和散射分量，但在文献中模拟较差[191]。比较这些方法不仅有助于利用更好的模型修正历史数据，而且能够为今后的研究提供合适的方法。

能量平衡主要由 4 个辐射分量组成，即入射和向外反射的短波（太阳辐射，$R_s$，300～2800nm）及入射和向外发射的长波（4.5～42$\mu m$，$R_L$），它们对气候和生态系统过程有不同的影响。而且，许多陆面模式[205,206]根据不同的生物学意义[207]将 $R_s$ 拆分成可见光（光合有效辐射，PAR，400～700nm）和近红外辐射（NIR，700～2800nm）。因此，检验辐射表安装方式对不同波段的辐射分量的影响对于理解和模拟生态学过程非常重要。

## 2.8 本书拟解决的主要科学与技术问题

我国山地约占国土面积的 2/3，研究山地生态学意义重大[208]。东北森林地形绝大多数以丘陵和低山为主，探讨普遍的低山丘陵地形条件下 EC 观测是很必要的实践问题。本书依据帽儿山通量塔，探索复杂地形条件下温带山地森林的一些大气环境与 EC 数据处理方法问题，主要包括：

（1）风场与大气稳定度特征：帽儿山站是否存在明显的山谷风日变化系统？如果存在，它与冠层上下热力梯度和大气稳定度的关系如何？与地形和冠层密度有什么关联？

（2）帽儿山站的落叶阔叶林有什么样的 $c_c$ 时空变异规律？与地形、冠层密度和风场的关系如何？

（3）基于不同浓度变量（$\rho_c$、$c_c$ 和 $\chi_c$）计算 $F_s$ 存在什么样的误差？其微气象学解释和生态学意义有哪些？

（4）帽儿山站垂直采样方式的 $F_s$ 系统误差、间歇性采样引起的 $F_s$ 不确定性，以及 $CO_2$ 浓度（$\chi_c$）时间平均引起的 $F_s$ 系统误差如何？如何改进现有 $F_s$ 测量系统？

（5）帽儿山站不同倾斜校正方法对 H、LE、$F_c$、能量平衡、$u_*$ 和 $w$ 的影响如何？最适倾斜校正方法是什么？对复杂地形的坐标系选择有什么启示？

（6）开路表面加热及其对 $CO_2$ 通量的影响如何？Burba 方程适用性如何？开路表面加热校正方法下一步如何改进？

（7）水平安装与倾斜安装辐射表测量的净辐射组分存在什么样的差异？辐射表安装方式对能量平衡闭合有什么影响？对 NEE 的光响应曲线解释存在多大差异？

笔者希望通过回答上述问题，在深入了解帽儿山站的 EC 数据处理误差的基础上，加深对 EC 理论与技术在复杂条件下应用的认识，从而推动生态学、林学和气象学交叉领域的发展。

# 第 3 章

# 研究地区概况与研究方法

## 3.1 研究地区概况

### 3.1.1 气候

帽儿山森林生态系统研究站为明显的大陆性季风气候，夏季短而湿热，冬季寒冷干燥。1989—2009 年平均降雨量 629mm，年平均蒸发量 864mm（A 型蒸发皿）；年均气温 3.1℃，最冷月（1 月）和最暖月（7 月）均气温分别为 -18.5 和 22.0℃。而通量塔观测的 2008—2011 年的月平均 $PAR_i$（水平辐射表测量）、16mVPD、16m$T_a$ 和 30cm 土壤体积含水率（$SWC_{30cm}$）如图 3.1 所示。4 年平均 $PAR_i$ 为 2000MJ $yr^{-1}$，月最大值可能出现在 5 月、6 月和 7 月（图 3.1a）。而白天月平均 VPD 一般不超过 1kPa，2009 年 5 月较干旱（图 3.1b）。4 年 $T_a$（1.0～3.0℃，平均 1.8℃）低于帽儿山生态站气象观测场的多年均值（3.1℃），可能是通量塔位于西北坡而气象观测场位于西南坡所致，也可能与观测年份不同有关。$SWC_{30cm}$ 表明很少发生干旱，2009 年较湿润。

### 3.1.2 地形

观测塔位于黑龙江省帽儿山森林生态系统研究站乾坤沟内（N45°25.002′，E127°40.070′），

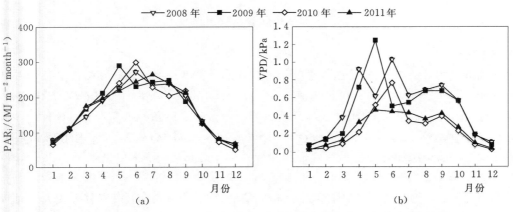

图 3.1（一） 2008—2011 年主要气象因子的月平均变化

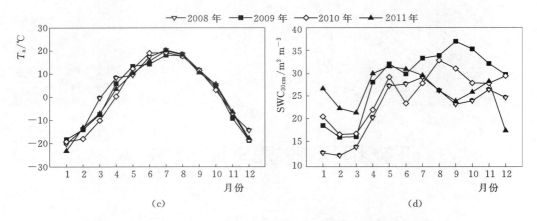

图 3.1（二） 2008—2011 年主要气象因子的月平均变化

山谷东南—西北走向。通量塔位于山谷的下坡位（相对而言为半阴坡），海拔约 400m，平均坡度约 9°，坡向为西北坡（296°）（图 3.2）。

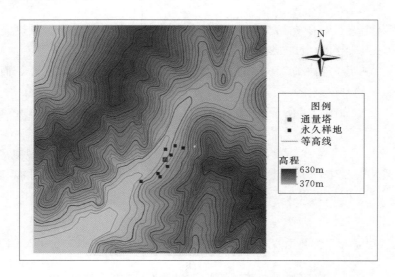

图 3.2 帽儿山温带落叶阔叶林通量塔周围地形图

### 3.1.3 植被

通量塔周围为林龄约 60 年的温带落叶阔叶林，冠层高度约 20m，林分结构复杂，主要树种有春榆（*Ulmus japonica*）、水曲柳（*Fraxinux mandshurica*）、白桦（*Betula platyphylla*）、枫桦（*Betula costata*）、胡桃楸（*Juglans mandshurica*）、五角槭（*Acer mono*）、大青杨（*Populus ussuriensis*）和暴马丁香（*Syinga reticulata* var. *mandshurica*）。生长季植被冠层浓密，基于凋落物收集法的乔灌层最大叶面积指数达 6.5m² m⁻²，下木层贡献了 16%～42%（平均 27%）。乔木层总生物量平均值为 154mg hm⁻²，变异系数为 38%，在通量贡献区中部下坡位和南部较高，通量塔西南部偏低，东北—西南方向（山谷走向）变异程度较大，而西北—东南方向（随坡位）变异程度较小[209]。

## 3.2 帽儿山通量塔仪器配置

### 3.2.1 森林小气候监测

通量塔于 2006 年建立，仪器安装调试 2007 年 7 月底完毕。帽儿山通量塔常规气象观测仪器配置，见表 3.1 和图 3.3。

表 3.1　　　　　　　　帽儿山通量塔常规气象观测仪器配置

| 变　量 | 高度/m | 仪器，供应商 |
| --- | --- | --- |
| 大气系统 | | |
| 净辐射 | 48 | CNR1/CNR4，Kipp & Zonnen，the Netherlands |
| 入射太阳辐射 | 48 | CNR1/CNR4，Kipp & Zonnen，the Netherlands |
| 反射太阳辐射 | 48 | CNR1/CNR4，Kipp & Zonnen，the Netherlands |
| 入射长波辐射 | 48 | CNR1/CNR4，Kipp & Zonnen，the Netherlands |
| 反射长波辐射 | 48 | CNR1/CNR4，Kipp & Zonnen，the Netherlands |
| 入射光合有效辐射 | 48 | PAR Lite/PQS1，Kipp & Zonnen，the Netherlands |
| 反射光合有效辐射 | 48 | PAR Lite/PQS1，Kipp & Zonnen，the Netherlands |
| 水平风速 | 48，42，36，28，21，16 | 010C，Met ONE，USA |
| 风向 | 48，21，2 | 020C，Met ONE，USA |
| 三维风速 | 36，2 | R. M Young 81000，R. M. Yong，USA |
| 大气压 | 28，2 | Campbell Scientific，USA |
| 垂直风向 | 36 | CSAT3，Campbell Scientific，USA |
| 空气温/湿度 | 48，36，28，16，2 | HMP45C with 076B，Vessla，Finland |
| $CO_2$ 浓度 | 36 | GMP343，Vaisala Inc.，Finland |
| 冠层红外温度 | 36 | IRTS-P，Campbell Scientific Inc.，USA |
| 大气压力 | 28 | CS100，Vaisala Inc.，Finland |
| 土壤系统 | | |
| 土壤热通量 | −0.08 | HFP01，Hukseflux Inc.，Holland |
| 土壤平均温度 | 0～−0.08 | TCAV，Campbell Scientific Inc.，USA |
| 土壤平均体积含水率 | 0～−0.08 | CS105，Campbell Scientific Inc.，USA |
| 土壤温度 | 0，−0.02，−0.10，−0.20，−0.50，−1.00 | 105T，Campbell Scientific Inc.，USA |
| 土壤体积含水率 | −0.1，−0.2，−0.3，−0.5 | EasyAG，Sentek Inc.，Australia/CS616，Campbell Scientific Inc.，USA |

　　森林小气候监测即常规气象要素监测包括：能量平衡系统（平行于坡面和水平安装各 1 套）、光合有效辐射、5 层空气温度/湿度廓线、7 层风廓线、6 层土壤温度廓线、4 层土壤含水率廓线、大气压、红外冠层温度、土壤热通量及土壤水势（表 3.1 和图 3.2）。所有常规气象要素数据利用 4 个数据采集器（CR1000，Campbell Scientific Inc.，USA）和

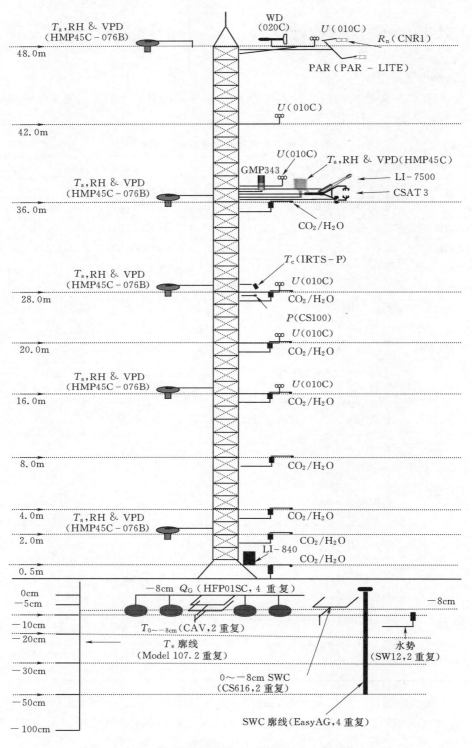

图 3.3　帽儿山站通量塔仪器配置图（2007 年）

2 个通道扩展板（Model AM25T，Campbell Scientific Inc.，USA）采集并储存。

### 3.2.2 基于涡动协方差法的碳水能量通量观测

帽儿山通量站开路涡动协方差系统（OPEC）安装于 36m（约 2 倍冠层高度）。OPEC 由开路红外 $CO_2/H_2O$ 气体分析仪（LI-7500，Licor Inc，USA）、三维超声风速仪（CSAT3，Campbell Scientific Inc.，USA）、空气温湿度传感器（HMP45C，Vaisala Inc.，Finland）和数据采集器（CR3000，Campbell Scientific Inc.，USA）以及卡槽（NL115/CFM100，Campbell Scientific Inc.，USA）和 CF 卡组成。仪器采样频率 10Hz。

帽儿山通量站还配置了 8 层 $CO_2/H_2O$ 浓度廓线系统（CP100，Campbell Scientific Inc.，USA），以计算 $CO_2/H_2O$ 的冠层储存通量。8 层廓线系统由红外 $CO_2/H_2O$ 气体分析仪（LI-840，Licor Inc.，USA）、气体采样系统、数据采集器（CR1000，Campbell Scientific Inc.，USA）和卡槽（CFM100，Campbell Scientific Inc.，USA）以及 CF 卡组成。8 层 $CO_2$ 浓度廓线系统进气口的安装高度分别为 36m、28m、20m、16m、8m、4m、2m、0.5m（图 2.2）。气体分析仪和数据采集器均安装在地面 1m 高的系统控制机箱内。各层气体由气泵抽取，管路长度一致。进气口装有孔径 7μm 的不锈钢过滤器，进入 LI-840 前再经过 1μm 囊式过滤器。LI-840 扫描频率为 2Hz，分析仪每层采样历时 15s，管路清洗时间（purge time）为前 7s，后 8s 数据存储；8 层采样周期为 2min，15 个采样周期输出 30min 的平均值。该设计每层 30min 采样 15 次，有效避免采样时间代表性不足引起的误差[91]。另外，在 36m 高度处安装 $CO_2$ 传感器（GMP343，Vaisala Inc.，Finland）监测大气背景 $CO_2$ 浓度。

## 3.3 数据处理与统计分析

### 3.3.1 涡动协方差数据处理

EC 数据处理过程复杂，本书参考最新国际进展[11]，根据本站特点制定以下数据处理流程（图 3.4）。在线计算 30min 数据仅用于及时查看仪器运行状态，而通量数据是用 10Hz 原始数据后处理得到。原始数据处理采用爱丁堡大学 Robert Clement 开发的 EdiRe 软件实现，因为该软件的专业性和灵活性较高，适合了解微气象学过程的用户[210]。第一步是异常值剔除（despiking），包括物理电信号异常值和一般异常值（6 倍方差标准）；第二步是为了满足垂直风速为零的假设，超声风速仪需要进行倾斜校正（tilt correction），本书比较了 6 种方法对碳、水、能量通量和能量平衡的影响，最终选择

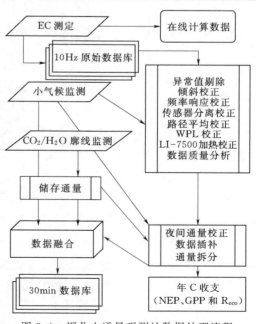

图 3.4 帽儿山通量观测站数据处理流程

PF 法（第 8 章）；第三步是频率响应校正，实际包括开路延时校正（最大交互相关法）、传感器分离造成的高频低估和传感器路径平均造成的高频低估；最重要的是密度校正，采用 WPL 法[116,120]。本书详细比较了 7 种方法对 LI-7500 表面加热效应校正的效果（第 9 章）。由于大气 $CO_2$ 浓度并非常数，因此不满足稳态假设，需要校正 $F_s$[27,91]。本书详细研究了风与热力特征（第 4 章）、$CO_2$ 的时空变异（第 5 章）、$F_s$ 的误差（第 6 章和第 7 章）。最后，还研究了辐射测量方式与能量平衡（第 10 章）。

本书根据东北温带森林[175,211-214]，将 H、LE 和 $F_c$ 范围限定在 $-60\sim300$ W m$^{-2}$、$-10\sim400$ W m$^{-2}$ 和 $-2\sim2$ mg $CO_2$ m$^{-2}$ s$^{-1}$。

### 3.3.2 气流与大气热力特征

#### 3.3.2.1 风向和风速

4 个风向扇区划分：按照地形分为山谷下行风区域（从 350°到 50°），下坡风区域（从 50°到 210°），山谷上行风区域（从 210°到 270°）和上坡风（从 270°到 350°）。然后将 3 个条件作为夜间林冠上冷泄流的标准：①风向必须沿谷轴向下±30°（从 350°到 50°）[215]；②水平风速（$U$）廓线必须在地表附近有一个局部最大值[60]，在本书中通常为 42m；③夜间定义为在 48m 处测得的短波辐射 $R_s$ 小于 20W m$^{-2}$[216]。

谷风组分投射到沿山谷和垂直于山谷方向：沿谷轴的速度分量，由山谷下行风成分（负值）和山谷上行风成分（正值）组成；下坡分量（负值）和上坡分量（正值）。热力驱动气流强度用速度分量表示。在泄流中心高度之上的 $U$ 垂直切变 $(U_{48m}-U_{42m})/(48-42)$ 也是热力驱动气流的有用量度。此外，平面拟合法[40]校正的 $w$ 也可作为热驱动风的另一种衡量方法[78,217]。

#### 3.3.2.2 曳力系数和摩擦风速

大气边界层的基本物理过程是动量的向下传输过程和湍流能量逐级耗散过程[218]。在此过程中，流体在地面或植被上方移动时产生的阻力是非常重要的。曳力产生速度梯度和湍流，其特征在于风速和雷诺应力的分布，这导致气流的动量损失[218]。曳力系数（$c_D$）与摩擦风速（$u_*$）和风速平方相关[76,219]：

$$c_D(z)=\frac{u_*^2(z)}{\overline{U}^2(z)} \tag{3.1}$$

式中：$u_*(z)$ 为高度 $z$ 的摩擦风速，与切变强迫有关；$U$ 为经过 PF 法校正的超声风速仪测定的水平风速，即水平合成风速；上划线表示平均（30min）；$c_D(z)$ 为冠层阻力分子从气流中吸收动量的有效性[218]。

与孤立山体的简单山坡不同，山谷侧壁的气流可能具有明显的方向剪切[70,83]，因此在 PF 校正[48]后采用了 $u_*$（m s$^{-1}$）中的纵向和侧向剪切应力[83,219,220]：

$$u_*=(\overline{u'w'}^2+\overline{v'w'}^2)^{1/4} \tag{3.2}$$

式中：$u$、$v$、$w$ 分别为超声风速仪测定的纵向、横向和垂直风速；"—"表示时间平均；"'"表示瞬时测量值与 30min 平均值的偏差。

#### 3.3.2.3 热力特征与大气稳定度

风特征与强迫之间的关系首先是通过浮力效应实现[60]，其表现为两个高度水平之间的虚位温（$\theta_v$）的差异[38]。正温度梯度（$G_T$）表示向下浮力，反之表示向上浮力[38]。由于冠层的隔离作用，我们分别计算了上述冠上虚位温梯度和冠下虚位温梯度：

$$G_{TAC} = \frac{\theta_{v48m} - \theta_{v16m}}{48 - 16} \quad (3.3)$$

$$G_{TBC} = \frac{\theta_{v16m} - \theta_{v2m}}{16 - 2} \quad (3.4)$$

我们分析了平均风速与 $G_T$ 的关系[62,218]。为了进一步了解风力状况，绘制了各种稳定性等级的风向分布。本书中使用稳定性参数（$\zeta$）表达大气稳定度：

$$\zeta = \frac{z - d}{L} \quad (3.5)$$

式中：$z$ 是 EC 的测量高度，36m；$d$ 是零平面位移，36m 高度为 12.0m，2m 高度为 0.3m；$L$ 是莫宁-奥布霍夫长度（Monin-Obukhov length），m；5 种稳定度等级[76,221]定义如下：强不稳定（$\zeta < -5$），中度不稳定（$-5 \leq \zeta < -0.05$），近中性（$-0.05 \leq \zeta < 0.05$），中度稳定（$0.05 \leq \zeta < 5$）且强稳定（$\zeta \geq 5$）。计算冠层上方和冠层下方的 $\zeta$。为了进一步探讨冠层密度对冠层风流的影响，我们将一年简单划分为两个季节：生长季（2012年5月11日至10月5日）和非生长季。林冠下解耦联被定义为形成鲜明对比的动量通量、相反的稳定性条件和热力梯度。一般来说，冠层下方解耦联的所有3个方面都与层间风向不一致有关[61,63,78,215,216]。

### 3.3.3 $CO_2$ 时空变化

利用 2008 年测定的 8 层 $CO_2$ 浓度廓线系统的 30min 数据集分析 $CO_2$ 浓度的时空变异性。方便起见用摩尔分数 $c_c$ 表达[222]。

首先对比了 LI-840 和 GMP343 在 36m 高度处的观测结果。从日平均值来看，LI-840 测得的 $c_c$ 比 GMP343 的低 5.76 ± 5.59 $\mu mol\ mol^{-1}$（平均值±标准偏差），系统之间的差异远低于日平均值的季节变幅（57~138 $\mu mol\ mol^{-1}$），由此认为两个系统的测定结果具有较好的一致性。根据本地的长期测定结果，将 LI-840 和 GMP343 传感器的 $c_c$ 范围确定为 300~900 $\mu mol\ mol^{-1}$（林冠内）和 300~600 $\mu mol\ mol^{-1}$（林冠上）；超出该范围则作为异常值剔除。由于 $c_c$ 的日变幅在不同时段的波动较大，所以不宜采用平均日变化法插补数据。因此，对缺失数据采用如下方法进行插补：数据缺失时段<4h 时采用线性内插法估计半小时的 $c_c$；数据缺失时段≥4h 时，认为该日数据缺失，采用日平均值时间序列的线性内插来估计该日的平均值。2008 年 LI-840 在线校准失败天数为 22 天（3月20日至4月5日和4月14—18日），根据 LI-840 与 GMP343 的实际系统偏差（在线校准失败前一天的偏差）来校正此时段的系统漂移误差。

传统上根据气象要素进行的季节划分难以体现植被的物候节律，因此不适于研究森林 $c_c$ 日变化的季节动态。为此，根据帽儿山的物候观测[223]将一年划分为 4 个时期：休眠季节（1—3月和11—12月共5个月）、生长季节（5—9月）、休眠季节向生长季节的过渡时期（4月）和生长季向休眠季节的过渡时期（10月）。1月、2月和12月为严冬季节，6—8月为生长旺季。考虑同一季节内不同月份之间仍然存在 $c_c$ 及气象因子日变化的实际差异，本书以生长旺季的7月和休眠季节的1月的平均日变化数据为例，用 Pearson 相关分

析法研究 $c_c$ 的日尺度及其垂直梯度的影响因子；用日平均值分析年尺度的影响因子。

根据上层乔木和下木的高度，分 4 个层次研究 $c_c$ 的垂直梯度（$G_c$）。$G_c$ 由式（3.6）计算：

$$G_c = \Delta c_c / \Delta z \tag{3.6}$$

式中：$\Delta c_c$ 表示上层与下层 $CO_2$ 浓度差；$\Delta z$ 表示高度差。

林冠层上（20~36m，$G_{cAC}$）、林冠层内部（8~20m，$G_{cWC}$）、林冠层下（0.5~8m，$G_{cBC}$）和总体梯度（0.5~36m，$G_{cB}$），其中 0.5m 为近地层。负 $G_c$ 表示高处的 $c_c$ 较低。

用 CSAT3 测定的 $u_*$ 作为湍流交换强度的度量[105]，用 $G_T$ 作为大气边界层发展的指示。同样由于林冠层对热量传输的阻碍作用，$G_T$ 分成林冠上（48~16m，$G_{TAC}$）和林冠下（16~2m，$G_{TBC}$）两部分。对 $G_{TAC}$ 而言，负温度梯度（高处温度较低）表示对流边界层；反之形成逆温层，表示稳定边界层。

### 3.3.4 $CO_2$ 储存通量

各种方法和配置计算的 $F_s$ 范围为 [$-45\ \mu mol\ m^{-1}\ s^{-1}$，$45\ \mu mol\ m^{-1}\ s^{-1}$]。$CO_2$ 摩尔分数和 $F_s$ 超出范围即作为异常值剔除。降雨期间 $CO_2$ 廓线与 $F_s$ 没有剔除，因为闭路 IRGA 不受降雨影响[224]，但 LI-7500 数据剔除。最终，LI-7500 有效数据率为 80%，廓线系统有效数据率为 95%。为了避免数据插补引起的不确定性，$F_s$ 未经过数据插补[224]。为了对比林冠层对 $F_s$ 的影响，必要时分为生长季（5月11日至10月5日）和非生长季分析。

#### 3.3.4.1 $CO_2$ 储存通量的计算

基于廓线系统测量，采用的 3 种 $CO_2$ 浓度单位计算 $F_s$。利用 $T_a$ 和 $p_a$ 等辅助气象数据，将 LI-840 输出的 $c_c$ 转换为不同浓度变量计算 $F_s$。

（1）基于密度 $\rho_c$ 计算 $F_s$（$F_{s\_d}$，$\mu mol\ m^{-2}\ s^{-1}$），公式如下[91]：

$$F_{s\_d} = \frac{\int_0^h \frac{\partial \rho_c}{\partial t} dz}{M_c} \times 10^{-3} = \frac{\sum_i^8 \frac{\Delta \rho_{ci}}{\Delta t} h_i}{M_c} \times 10^{-3} \tag{3.7}$$

式中：$h$ 为廓线层厚度，m；$z$ 为廓线系统各层采样高度；$\rho_c$ 为各层 $CO_2$ 密度，$mg\ m^{-3}$；$M_c$ 为 $CO_2$ 的摩尔质量 44.01g $mol^{-1}$；相邻采样高度 $\Delta \chi_{ci}/\Delta t$ 取平均值以便更好地代表该层，下标 $i$ 代表层数；$t$ 为时间间隔，与通量计算周期一致取 30min。

本书中廓线系统 IRGA 直接输出测量气体的 $c_c$（$\mu mol\ mol^{-1}$），因此需要先将其转换为 $\rho_c$。首先根据理想气体状态方程，利用各层 $T_a$（℃）和 $p_a$（kPa），计算各层湿空气摩尔密度（$\rho_a$，$mol\ m^{-3}$）[116]：

$$\rho_a = \frac{p_a \times 10^3}{R(T_a + 273.15)} \tag{3.8}$$

$$\rho_c = M_c c_c \rho_a \times 10^{-3} \tag{3.9}$$

式中：$R$ 为普适气体常数，大小为 8.315J $K^{-1}\ mol^{-1}$；$M_c$ 为 $CO_2$ 的摩尔质量，大小为 44.01g $mol^{-1}$；$c_c$ 为 $CO_2$ 的摩尔分数，$\mu mol\ mol^{-1}$[111]。

（2）基于摩尔分数 $c_c$ 计算 $F_s$（$F_{s\_c}$，$\mu mol\ m^{-2}\ s^{-1}$），公式如下[125]：

$$F_{s\_c} = \overline{\rho_a}(h) \int_0^h \frac{\partial c_c}{\partial t} dz = \overline{\rho_a}(h) \sum_i^8 \frac{\Delta c_{ci}}{\Delta t} h_i \tag{3.10}$$

## 3.3 数据处理与统计分析

（3）基于干摩尔分数 $\chi_c$ 计算 $F_s$（$F_{s\_\chi}$，mg $CO_2$ $m^{-2}$ $s^{-1}$）：由于 LI-840 能够同步测量 $CO_2$ 和水蒸气的摩尔分数，因此可将 $c_c$ 点对点转换为 $CO_2$ 相对于干空气的混合比（$\chi_c$，$\mu mol\ mol^{-1}$），剔除水蒸气的稀释作用[117,225]：

$$\chi_c = \frac{c_c \times 10^{-6}}{1 - c_v \times 10^{-3}} \tag{3.11}$$

式中：$c_c$ 表示 $CO_2$ 的摩尔分数，$\mu mol\ mol^{-1}$，$c_v$ 为水蒸气的摩尔分数，$mmol\ mol^{-1}$。采用式（3.12）[27]计算 $F_{s\_\chi}$（$\mu mol\ m^{-2}\ s^{-1}$）：

$$F_{s\_\chi} = \overline{\rho_d}(h) \int_0^h \frac{\partial \chi_c}{\partial t} dz = \overline{\rho_d}(h) \sum_i^8 \frac{\Delta \chi_{ci}}{\Delta t} h_i \tag{3.12}$$

式中：$\rho_d$ 为各层干空气摩尔密度，$mol\ m^{-3}$。$\rho_a$ 为干空气密度 $\rho_d$ 与水蒸气的摩尔密度（$\rho_v$，$mol\ m^{-3}$）之和[116]：

$$\rho_d = \rho_a - \rho_v \tag{3.13}$$

$$\rho_d = \frac{(p_a - e) \times 10^3}{R(T_a + 273.15)} \tag{3.14}$$

式中：$e$ 为水汽压，kPa。

$e$ 的计算公式如下：

$$e = c_v \times P \times 10^{-3} \tag{3.15}$$

### 3.3.4.2 不同浓度单位计算 $F_s$ 误差

$CO_2$ 有效储存通量（$F_{s\_E}$，$\mu mol\ m^{-2}\ s^{-1}$）指通量观测控制体积内部由生物过程引起的 $CO_2$ 储存通量[27]。基于 $\rho_c$ 计算通量观测控制体积内 $F_s$ 的同时，剔除大气水热过程引起的干空气储存通量调整项（$F_{sd}$，$\mu mol\ m^{-2}\ s^{-1}$），计算 $F_{s\_E}$[27]：

$$F_{s\_E} = F_{s\_pd} + F_{sd} = \frac{\sum_i^8 \frac{\Delta \rho_{ci}}{\Delta t} h_i}{M_c} \times 10^{-3} - \chi_c(h) \times F_d \times 10^3 \tag{3.16}$$

$$F_d = \int_0^h \frac{\partial \rho_d}{\partial t} dz \times 10^3 = \sum_i^8 \frac{\Delta \rho_d}{\Delta t} h_i \times 10^3 \tag{3.17}$$

式中：$F_d$ 为干空气储存通量，$mmol\ m^{-2}\ s^{-1}$。

假定各层 $p_a$ 不变，则 $\rho_c$ 只受 $T_a$ 和 $V$ 的影响，加之 $c_c$ 只受 $V$ 的影响，则 $T_a$ 变化引起的误差（$F_{sT}$，$\mu mol\ m^{-2}\ s^{-1}$）公式如下：

$$F_{sT} = F_{s\_c} - F_{s\_dP} \tag{3.18}$$

式中：$F_{s\_dP}$ 为假定各层 $p_a$ 恒定情况下基于 $\rho_c$ 计算的 $F_s$，$\mu mol\ m^{-2}\ s^{-1}$。

由于 $c_c$ 只受 $V$ 的影响，而 $\chi_c$ 对水热过程均守恒，因此，$V$ 变化引起的误差（$F_{sV}$，$\mu mol\ m^{-2}\ s^{-1}$）公式为

$$F_{sV} = F_{s\_E} - F_{s\_c} \tag{3.19}$$

$p_a$ 变化引起的误差（$F_{sP}$，$\mu mol\ m^{-2}\ s^{-1}$）公式为

$$F_{sP} = F_{s\_dP} - F_{s\_d} \tag{3.20}$$

理论上，忽略高阶项，由 $T_a$、$V$ 和 $p_a$ 日变化引起的误差之和与 $F_{sd}$ 相等，即：

$$F_{sd} = F_{sT} + F_{sV} + F_{sP} \tag{3.21}$$

综上，基于 $\rho_c$ 计算 $F_s$ 的误差包括 $F_{sT}$、$F_{sV}$ 和 $F_{sP}$ 三项；基于 $c_c$ 计算 $F_s$ 的误差为 $F_{sV}$；而基于 $\chi_c$ 计算 $F_s$ 的误差主要为测量误差，是由 $CO_2/H_2O$ 浓度和 $T_a$ 廊线系统的配置情况引起的[27,118]。

利用 2009 年全年数据建立的线性回归方程斜率表示基于不同浓度变量计算 $F_s$ 的平均相对误差，并分别计算 $F_{s\_d}$、$F_{s\_c}$ 和 $F_{s\_\chi}$ 相对于 $F_{s\_E}$ 的相对误差及其概率密度分布[27]：

$$RE_d = \frac{F_{s\_d} - F_{s\_E}}{F_{s\_E}} \times 100 \quad (3.22)$$

$$RE_c = \frac{F_{s\_c} - F_{s\_E}}{F_{s\_E}} \times 100 \quad (3.23)$$

$$RE_\chi = \frac{F_{s\_\chi} - F_{s\_E}}{F_{s\_E}} \times 100 \quad (3.24)$$

式中：$RE_d$、$RE_c$ 和 $RE_\chi$ 分别为 $F_{s\_d}$、$F_{s\_c}$ 和 $F_{s\_\chi}$ 相对于 $F_{s\_E}$ 的相对误差，%。

#### 3.3.4.3 采样方式对 $CO_2$ 储存通量的影响

（1）单点法计算 $F_s$（$F_{s\_EC}$，$\mu mol\ m^{-2}\ s^{-1}$）。由于 LI-7500 直接输出的是 $CO_2$ 密度（$\rho_c$，$mg\ m^{-3}$），需要先将 $CO_2$ 密度转换为 $CO_2$ 干摩尔分数（$\mu mol\ mol^{-1}$）：

$$\chi_c = \frac{\rho_c \times 10^3}{M_c \rho_a (1 - c_v \times 10^{-3})} \quad (3.25)$$

式中：$\rho_c$ 为 $CO_2$ 密度，$mg\ m^{-3}$；$M_c$ 为 $CO_2$ 的摩尔质量，其大小为 44.01$g\ mol^{-1}$；$\rho_a$ 为湿空气的摩尔密度，$mol\ m^{-3}$；$c_v$ 为水蒸气的摩尔分数，$mmol\ mol^{-1}$。基于 EC 系统的 LI-7500 单点法的 $F_{s\_EC}$（$\mu mol\ m^{-2}\ s^{-1}$）计算公式如下：

$$F_{s\_EC} = \overline{\rho_{dz}} \frac{\Delta \chi_{cz}}{\Delta t} h \quad (3.26)$$

式中：$\rho_{dz}$ 为干空气的摩尔密度，$mol\ m^{-3}$；$\Delta \chi_{cz}$ 为 EC 系统高度处单点的 $CO_2$ 干摩尔分数变化量，$\mu mol\ mol^{-1}$；$\Delta t$ 为前后两次取样时间间隔，为 1800s；$h$ 表示总廊线厚度即 EC 系统高度，为 36m。

为了与单点法比较，基于廊线干摩尔分数的 $F_{s\_\chi}$ 又计作 $F_{s\_p}$：

$$F_{s\_p} = F_{s\_\chi} = \overline{\rho_d}(h) \sum_i^8 \frac{\Delta \chi_{ci}}{\Delta t} h_i \quad (3.27)$$

（2）廊线垂直配置对 $CO_2$ 储存通量的影响。数据为 2009 全年数据。用标准主轴（SMA）直线拟合法[226]检验小时尺度的 EC 单点连续 $CO_2$ 浓度测量计算的 $F_s$（$F_{s\_EC}$）和廊线 36m 单层 $CO_2$ 浓度间歇性测量计算的 $F_s$（$F_{s\_p36m}$）、$F_{s\_EC}$ 与廊线系统的测量（$F_{s\_p}$）的一致性。利用单点法与廊线法计算 $F_s$ 对 NEE（$\mu mol\ m^{-2}\ s^{-1}$）的影响也用 SMA 法检验。之所以用 SMA 法是因为该方法适合检验两种方法之间的差异，而 OLS 法则适用于预测目的[226]。我们发现普通最小乘法（OLS）比 SMA 法明显低估了拟合直线的斜率（附录 B 给出了时间平均对 $F_s$ 的影响作为一个案例）。与此类似，Wilson 等[162]也发现 OLS 法倾向于低估能量平衡斜率，而且低估随 $R^2$ 降低而加剧。

为量化廊线系统配置方案对估测 $F_s$ 的影响，本书以 8 层廊线系统为基准，将采样层数（$N$）相同但在垂直方向上分布情况不同的配置方案分为 1 组，共 7 组（$1 \leqslant N \leqslant 7$），

## 3.3 数据处理与统计分析

除了 $N=1$ 外，各配置方案均有 1 个采样层在 36m 高度处。利用式（3.7）计算各配置方案的 $F_s$，并分别与 $F_{s\_p}$ 进行 SMA 直线拟合。斜率与 1 差异显著表明两种方法测量值间存在缩放关系，而截距与 0 差异显著表明两种方法测量值间存在系统偏差。由于本书的不同配置方案与 $F_{s\_p}$ 的截距几乎为 0（除了 $N=1$ 的 0.5m 单点配置为 $-0.086\mu mol\ m^{-2}\ s^{-1}$ 外，其余配置均在 $\pm 0.04\mu mol\ m^{-2}\ s^{-1}$ 之内），斜率可用于衡量系统偏差（高估或低估 $F_s$ 绝对值）。

（3）间歇性测量造成的 $CO_2$ 储存通量不确定性。采用的数据为 2008 年 6 月 10 日至 2009 年 12 月 31 日 2min 平均 $CO_2$ 摩尔分数（2009 年 7 月 2 日至 2009 年 8 月 16 日数据缺失）。得益于 AP100 的快速响应（2min 完成一轮 8 层测量），本书计算了从 2min 到 30min（以 2min 为步长递增）共 15 个时间窗口的 $F_s$。通量平均周期（30min）内 $CO_2$ 平均的时间窗口数量（M）取决于时间窗口长度：

$$M=(30-P)/2+1 \quad (3.28)$$

式中：$P$ 为窗口长度，min。比如，15 个 2min 独立窗口，14 个 4min 窗口（允许窗口之间部分重叠）。30min 通量平均周期内每个时间窗口内至少有 2 个连续移动窗口组合（30min 时间窗口只有一个），2min 窗口有 14 个移动窗口组合，而 4min 包含 13 个移动窗口组合，依次类推，28min 窗口有 2 个移动窗口组合。值得注意的是，通量平均周期内的所有移动窗口组合的 $F_s$ 平均值是不合适的，因为对小窗口 $F_s$ 取平均等价于先计算 $\chi_c$ 平均值再计算其变化速率（附录 C）。因此本书按照测量时间排列，利用每个时间窗口中间的测量代表该窗口的测量值。

按照以往对不确定性的研究[133,135]，用给定的通量平均周期内所有移动窗口计算的 $F_s$ 标准差（SD）表达间歇性采样的不确定性。每个测量周期间（2min 除 8s 测量的其他时间）没有进行外推，因为任何外推都会造成新的不确定性[227]。

（4）时间平均对 $CO_2$ 储存通量的影响。采用的数据时间与不确定性的相同。本书 8 层廓线系统 $CO_2$ 摩尔分数最小测量周期为 2min，因此可以计算不同平均时间（2min 的倍数）窗口大小对 $F_s$ 影响。快速响应的廓线系统比塔顶单点法[111]具有更好的空间代表性。SMA 直线的斜率和截距用于评价 $F_s$ 大小的系统偏差。本书还比较了基于 2min 窗口 $F_s$ 的 NEE 与 30min 窗口 $F_s$ 的 NEE。

### 3.3.5 坐标旋转的基本理论和数据分析方法

本书详细比较 DR、TR、PF 等 3 类坐标旋转方法相对于不旋转（NR）的变化，其中 PF 又细分为 4 种。不同坐标旋转方法及其时间尺度见表 3.2。所用数据时段为 2011 年全年数据。

分时段独立旋转法：将气流旋转到流线坐标系（streamline coordinate）中，根据旋转次数可以进一步分为二次坐标旋转（double rotation，DR）和三次坐标旋转（triple rotation，TR）[145,228]。第一次旋转的目的是使得 $x$ 轴平行于平均气流，旋转后平均侧风为 0；第二次旋转使得平均垂直风速为 0，旋转角度为倾斜角度（$\beta_{DR}$）；第三次旋转使得侧风应力为 0。

## 第 3 章　研究地区概况与研究方法

**表 3.2　不同坐标旋转方法及其时间尺度**

| 方　法 | 缩　写 | 坐标时间尺度 |
|---|---|---|
| 不旋转 | NR | 30min |
| 二次旋转 | DR | 30min |
| 三次旋转 | TR | 30min |
| 平面拟合 | PF | 年 |
| 垂直风速无偏平面拟合 | NBPF | 年 |
| 月尺度平面拟合 | MPF | 月 |
| 月尺度分风向区平面拟合 | MSWPF | 月 |

平面拟合法：PF 法是寻求长期平均坐标系的最常用方法[137,148]。由于气流在近地层受到地形的影响而沿着地表面运动而产生变形，这样仪器本身就可能观测到一个比较大的垂直气流，平均垂直风速 $w$ 可以表示为水平风速分量的函数：

$$w_m = b_0 + b_1 u_m + b_2 v_m \tag{3.29}$$

式中：$u_m$、$v_m$ 和 $w_m$ 分别为 CSAT3 直接输出的三维风速，$m\ s^{-1}$，$b_0$、$b_1$ 和 $b_2$ 为拟合平面的系数，利用 CSAT3 每 30min 输出平均值通过最小二乘拟合求得。根据 $b_1$ 和 $b_2$ 及相关公式即可求得每次的旋转角度[145,148]。

该方法可以有效降低分时段独立旋转法引起的高通滤波效应，因此受到更多研究人员的青睐[26,139]。为了解决起伏不平地形和风速仪漂移的问题，又发展出一种更为细致的方法，即 SWPF 法[146,149]和垂直风速无偏拟合法（vertical velocity no biased planner fit，NBPF）[229]。NBPF 是去掉式（3.29）中的 $b_0$，因为从表面上看，当水平风速为 0 时，$w$ 也应为 0，$b_0$ 可以认为是风速仪的系统偏差[148,229]。月尺度平面拟合（monthly planar fit，MPF）是以每月风速数据拟合一个平面。月尺度分风向区平面拟合（monthly sector - wise planar fit，MSWPF）是每月分风向区拟合平面。本书根据 36m 风向分布，考虑沿山坡吹的风向数据所占比例非常小，分为两个扇区拟合平面，即沿山谷上行风和沿山谷下行风[142]。为了减小低风速数据[149]和强风对参数拟合的影响，将风速限定在 1~8m $s^{-1}$ 范围内。PF 的 $R^2$ 因数据集长度和季节而异，全年为 0.88，整个非生长季为 0.87，整个生长季为 0.91。非生长季月数据集拟合为 0.71~0.79，生长季月数据集拟合为 0.78~0.87。

倾斜角度与水平风向的关系：在均匀的坡地上，倾斜角度（$\beta_{DR}$，即 DR 校正的第二次旋转角度）是水平风向的正弦函数[137,145]，这种关系可以用来检验仪器扭曲和不同方位地形的影响[230]。回归方程形式如下：

$$\beta_{DR} = [a + b \times \sin(\phi \times \pi/180 + c)] \times 180\pi \tag{3.30}$$

式中：$\beta_{DR}$ 为 DR 校正的第二次旋转角度，（°）；$a$、$b$ 和 $c$ 分别表示漂移（rad）、振幅（rad）和相变（rad）；$\pi$ 为圆周率。

本书第 8 章数据时段为 2011 年全年。

### 3.3.6　开路红外气体分析仪表面加热效应对碳通量的影响

#### 3.3.6.1　LI - 7500 表面温度和光路温度相关测量

本书采用单根裸丝线径 0.079mm 的 K 型热电偶（AWG40，Omega Engineering

Inc.，Stamford，Connecticut，USA）同步测定 LI-7500 光路中部和环境空气温度（图3.5）。由于细丝热电偶非常柔软，无法悬在空气中长期测量定点温度，因此将其装入 3mm 外径不锈钢护套（长 0.5m）后，焊接点端露出至少 1cm 以减小护套对温度的影响，加工由常州全盛国际贸易有限公司（江苏常州）完成。热电偶护套固定于 LI-7500 支架的绑扎带上。LI-7500 与 CSAT3 测量路径所对应的平面垂直于主风向（山谷风），从而既减小了频率损失和延时效应，又最大限度地避免了 LI-7500 加热效应对 CSAT3 及环境空气温度的影响。K 型热电偶延长线（AWG24，Omega Engineering Inc.；单根裸丝线径 0.51mm）长度为 8m。

本书同时利用 T 型热电偶（AWG36，Omega Engineering Inc.；单根裸丝线径 0.127mm，长 0.5m）直接测定 LI-7500 表面（底部镜头、顶部镜头和支杆）温度，延

图 3.5　开路涡度相关系统以及细丝热电偶测定 LI-7500 表面、光路和环境温度照片

长线（AWG24，Omega Engineering Inc.；单根裸丝线径 0.51mm）长度为 4m。由于细丝热电偶非常细，安装后 LI-7500 的信号强度 AGC 诊断值与安装前没有变化，因此认为细丝热电偶不影响 LI-7500 测量。以上数据采样频率为 10Hz，存储于数据采集器（CR3000，Campbell Scientific Inc.，USA）。

#### 3.3.6.2　LI-7500 表面加热校正数据分析方法

对比不进行加热效应校正（WPL 校正）和 7 种估计加热效应对 $H$ 与 $F_c$ 影响的方法。各方法详细介绍如下。

（1）WPL 校正公式如下[116]：

$$F_{cWPL} = F_c + \mu \frac{E}{\rho_d} \frac{\rho_c \times 10^3}{1 + \mu(\rho_v/\rho_d)} + \frac{H}{\rho_a C_p} \frac{\rho_c \times 10^6}{T_a + 273.16} \tag{3.31}$$

式中：$F_{cWPL}$ 和 $F_c$ 分别为 WPL 校正后和校正前的 $CO_2$ 湍流通量，mg $CO_2$ m$^{-2}$ s$^{-1}$；$E$ 为经过 WPL 校正的水汽湍流通量，g $H_2O$ m$^{-2}$ s$^{-1}$；$\mu$ 为空气分子量与水分子量之比（1.6077）；$\rho_d$、$\rho_c$、$\rho_v$ 和 $\rho_a$ 为平均干空气密度（kg m$^{-3}$）、$CO_2$ 密度（kg m$^{-3}$）、水汽密度（kg m$^{-3}$）和湿空气密度（kg m$^{-3}$）；$H$ 为感热通量，W m$^{-2}$；$C_p$ 为湿空气定压比热容，J kg$^{-1}$ K$^{-1}$；$T_a$ 为空气温度，℃。

（2）Burba 空气温度一元线性拟合模型（BurbaLF）：由于 LI-7500 的表面加热效应导致 LI-7500 光路的感热通量发生改变，传统的 WPL 校正就需要增加额外的校正。Burba 等[163]提出了估计 LI-7500 表面加热方法，并根据 Nobel 模型估计仪器表面对感热交换的影响，进而加入到 WPL 校正中估计加热效应对 $F_c$ 的影响[163,171]。LI-7500 表面温度

可由空气温度为自变量的一元线性模型估计。

LI-7500光路感热通量（$H_{LI7500}$）由式（3.32）估计：

$$H_{LI7500}=\rho_a C_p \overline{w'T'_a}+H_{ibot}+H_{itop}+0.15H_{ispar} \tag{3.32}$$

式中：$\rho_a$为湿空气密度，$kg\ m^{-3}$；$C_p$为湿空气定压比热容，$J\ kg^{-1}\ ℃^{-1}$；$w$为经过二次坐标旋转后的垂直风速，$m\ s^{-1}$；$T_a$为空气温度，℃；"'"表示脉动，"‾"表示时间平均，30min；$H_{ibot}$、$H_{itop}$和$H_{ispar}$分别为底部镜头、顶部镜头和支杆增温导致的感热通量增量，估算公式见表3.3[163,170,171]。

表3.3　　　　　　　　　Nobel模型之LI-7500表面感热通量

| | |
|---|---|
| $H_{ibot}=k_a \dfrac{T_{bot}-T_a}{\delta_{bot}}$ | $\delta_{bot}=0.004\sqrt{l_{bot}/U}+0.004$ |
| $H_{itop}=k_a \dfrac{(r_{top}-\delta_{top})(T_{top}-T_a)}{r_{top}\delta_{top}}$ | $\delta_{top}=0.0028\sqrt{l_{top}/U}+0.00025/U+0.004$ |
| $H_{ispar}=k_a \dfrac{T_{spar}-T_a}{r_{spar}\ln\left(\dfrac{r_{spar}+\delta_{spar}}{r_{spar}}\right)}$ | $\delta_{spar}=0.0058\sqrt{l_{spar}/U}$ |

注　$T_{bot}$、$T_{top}$、$T_{spar}$分别表示底部镜头、顶部镜头、支杆表面温度，℃；$\delta_{bot}$、$\delta_{top}$和$\delta_{spar}$分别为底部镜头、顶部镜头、支杆上方平均边界层厚度，m；$l_{bot}$表示视为平面的下端光源室直径（0.065m），为补偿水平镜头与外侧表面的20°角度增加0.004m；$l_{top}$表示视为球形的光检测室直径（0.045m），为补偿非球面表面增加0.0045m；$l_{spar}$表示视为圆柱的支杆直径（0.005m）；$r_{top}$为球的直径（0.0225m）；$r_{spar}$圆柱的直径（0.0025m）；$k_a$为空气导热系数，$W\ m^{-2}\ ℃^{-1}$；$U$平均水平风速，$m\ s^{-1}$。

（3）Burba多元线性回归模型（BurbaMR）：将BurbaLF中的一元线性模型替换为多元回归方程估计LI-7500底部窗口、支杆和顶部窗口与环境空气温度的差值，其余与BurbaLF相同。

（4）T型细丝热电偶直接测定LI-7500表面温度法（TS）：将BurbaLF中$T_s$一元线性模型估计值改为直接测定。

（5）本站点拟合空气温度一元线性拟合模型（WangLF）：将BurbaLF中$T_s$一元线性模型估计值改为帽儿山实测数据建模。

（6）本站点拟合多元线性回归模型（WangMR）：将BurbaLF中$T_s$多元线性模型估计值改为帽儿山实测数据建模。同时采用了BurbaMR选取的3个自变量，还采用了线性逐步回归从6个自变量（$R_n$、$R_{si}$、$L_i$、$U$、$T_a$、$\rho_v$）中筛选更好的变量。

（7）K079型细丝热电偶感热通量直接测定法（FT）：利用LI-7500光路中部热电偶和CSAT3旁热电偶测定的高频空气温度（热电偶电缆长约8m），分别与CSAT3的垂直风速组合计算LI-7500内部的感热通量（$H_{LI-7500}$）和周围空气中的感热通量（$H_{amb}$）。用超声虚温校正后的感热通量（$H_{CSAT3}$）与$H_{amb}$的回归方程斜率校正细丝热电偶和超声风速仪测定的H的差异，回归方程为：$H_{CSAT3}=0.860H_{amb}$，$R^2=0.920$，$N=15621$，$P<0.001$。$H_{LI-7500}$与$H_{amb}$之差再乘以0.860即为加热效应对感热通量的影响。

（8）细丝热电偶模拟的感热通量的加热效应（FTModel）：长导线热电偶的高频损失还可以用模型法校正。首先建立两个细丝热电偶测定的感热通量之间的线性回归方程，再将超声虚温校正后的感热通量$H_{CSAT3}$代入方程即得到LI-7500光路感热通量，最后减去$H_{SCSAT3}$得加热效应对感热通量的影响。

空气导热系数（$k_a$）由下式计算：
$$k_a = 0.000067 T_a + 0.024343 \quad (3.33)$$
式中：$T_a$ 为空气温度，℃。

为了更好地解释上述 7 种方法的 $F_c$ 与 $F_{cWPL}$ 的差异，本书比较 LI-7500 光路和环境空气温度的差异，并分析其 H 和 $F_c$ 校正量日变化及其差值的异同，采用 SMA 法[230]的斜率和截距与 1 和 0 的差异性检验夜间和白天不同方法间的系统差异。为了与 Burba 方程对比，本书同样设定 $R_n < 1$ 为夜间[163]。

本书第 9 章采用数据时段为 2017 年 3 月 10 日至 2017 年 12 月 23 日。

### 3.3.7 辐射和反照率

净辐射 $R_n$ 及其分量采用两套完全相同的辐射表测量，一套水平安装，一套平行于坡面[187]安装（图 3.6）。$R_n$ 及其分量，即入射的短波（$R_{si}$）和长波辐射（$L_i$）、地面反射的短波（$R_{so}$）以及向外发射的长波辐射（$L_o$）采用 CNR4 测量（Kipp & Zonen, the Netherland）。此外，入射和反射的光合有效辐射（$PAR_i$ 和 $PAR_o$）采用一对朝上和朝下的 PQS1（Kipp & Zonen, the Netherland）传感器测量，一套水平安装，另一套平行于坡面倾斜安装。所有辐射表均安装在 48m 朝向坡上的支臂上。由于坡度角沿坡上方向逐渐增加，辐射表倾斜 9°大致与测量点高度到山脊相对于水平方向的夹角平行，基本防止

图 3.6 水平（左）、平行与坡面（右）安装辐射表对比照片

向下的辐射表受到早上太阳高度角较低时的光照的影响。测量前，每一对辐射表平行对比了 6 个月消除了漂移的影响。用基于 OLS 法的线性回归模型消除仪器间的系统误差（以水平安装的辐射表为参考），所有回归模型的斜率偏差不大于 1.8%，相当于 1.8 W m$^{-2}$，$R^2 \geqslant 0.997$，RMSE$\leqslant$7.5 W m$^{-2}$。

每个辐射波段的能量收支为入射与反射的辐射的差值。NIR 由 $R_s$ 减去 PAR 得到。利用转换系数（入射辐射系数 0.2195 J $\mu$mol$^{-1}$，反射辐射系数 0.2072 J $\mu$mol$^{-1}$）将 PAR 的光量子通量密度（$\mu$mol photons m$^{-2}$ s$^{-1}$）转换成能量通量密度（W m$^{-2}$）[231]。

为了对比校正辐射平衡的地形效应的两种方法（直接用平行于坡面的辐射表测量或者将水平测量值转换到坡面），水平测量的辐射能够通过多种方法转换到坡面坐标。为了本书的完整性，详细的坡面校正方法见附录 E～附录 H。在转换过程中，将散射的 $R_{si}$、$R_{so}$、$L_i$ 和 $L_o$ 假定为各向同性。考虑不同模型的模拟精度非常接近（附录 H），我们采用了最常用的经验模型[232-234]。即，利用 Spitters 等[234]的方法将水平测量的 $R_{si}$ 拆分为直射和散射辐射，然后将直射辐射旋转到垂直于坡面[232]，最后将散射 $R_{si}$ 和模拟的坡面直射 $R_{si}$ 相加得到坡面校正后的 $R_{si}$，利用 Alados 等[233]的方法估计散射 $R_{si}$ 中的 $PAR_i$。

用白天 30min 平均值计算 $R_s$、NIR 和 PAR 的反照率（$\alpha_s$、$\alpha_{NIR}$ 和 $\alpha_{PAR}$）。

$$\alpha_s = \frac{R_{so}}{R_{si}} \tag{3.34}$$

$$\alpha_{NIR} = \frac{R_{so} - PAR_o}{R_{si} - PAR_i} \tag{3.35}$$

$$\alpha_{PAR} = \frac{PAR_o}{PAR_i} \tag{3.36}$$

式中：下角标 o 和 i 代表入射和反射。典型晴天和阴天的日平均反照率用白天朝上和朝下的 $R_s$、PAR 和 NIR 的总辐射比值计算。

NEE 的光响应曲线采用直角双曲线[44]：

$$NEE = \frac{\alpha \times PAR_i \times P_{max}}{\alpha \times PAR_i + P_{max}} + R_d \tag{3.37}$$

式中：$\alpha$ 为表面光量子效率，$\mu mol\ CO_2\ \mu mol^{-1}\ photon$；$PAR_i$ 是入射光合有效辐射，$\mu mol\ photon\ m^{-2}\ s^{-1}$；$P_{max}$ 为冠层最大光合速率，$\mu mol\ CO_2\ m^{-2}\ s^{-1}$；$R_d$ 为生态系统暗呼吸速率。

本书第 10 章所用数据时段为 2016 年生长季（5 月 3 日至 10 月 10 日）。

### 3.3.8 能量平衡

H 和 LE 用通量测量的标准步骤计算[147]，包括野点去除、延时效应校正、坐标旋转、频率响应校正、WPL 校正和质量控制。EBC 公式基于热力学第一定律：

$$H + LE = R_n - G_0 - S - Q \tag{3.38}$$

式（3.38）左侧为湍流能量通量（涡度相关测量的 H 和 LE 之和）。右侧为可利用的能量，包括 $R_n$、$G_0$（矿质土壤层 8cm 深处测量的热通量与热通量板上方的能量储存之和）、土壤表面和涡度相关系统（36m）之间的热储（$S$）和其他能量源汇的总和（$Q$）。在本书中，$S$ 是可以忽略的；由于实际测量困难[43,158]且数量级非常小[235]，$Q$ 也可以被忽略。由于式（3.38）左右两侧之间的不平衡可能是由于标量通量的不准确估计或不可忽略的 $S$ 和 $Q$ 引起的。我们假定忽略 $S$ 不影响不同安装方式的传感器之间 EBC 的对比。

半小时尺度的能量平衡闭合度用湍流能量通量和可利用能量之间的 SMA 线性回归系数（斜率和截距）评估[158]，该方法适用于检验两种变量或方法之间的一致性[226]。整个生长季 EBC 用 EBR 评估。

$$EBR = \sum(H + LE) / \sum(R_n - G_0) \tag{3.39}$$

利用大量数据积分的方法能够将缺失项（$S$ 和 $Q$）的影响降到最低，因为在长期尺度上能量储存可以忽略[43,235]。

倾斜校正与未倾斜校正的涡动通量之间的关系用 SMA 法拟合参数，并检验斜率与 1、截距与 0 的差异显著性（$\alpha = 0.05$）[226]。

第 8 章数据时段为 2011 年，第 10 章数据时段为 2016 年 5 月 3 日到 10 月 10 日，即整个生长季。辐射数据覆盖率 100%，湍流能量通量数据率 67%。

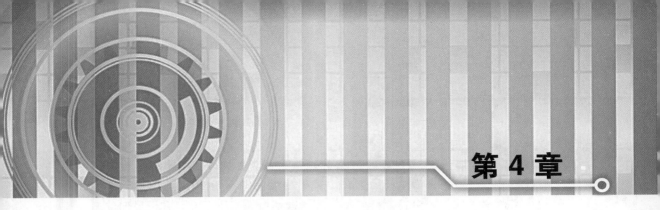

# 第4章

# 风与热力学特征

## 4.1 风向变化

### 4.1.1 风向日变化

根据地形将风向分为4个分区：沿山谷下行风（down-valley wind，350°~50°）、下坡风（down-slope wind，50°~210°）、沿山谷上行风（up-valley wind，210°~270°）和上坡风（up-slope wind，270°~350°）。全年来看，冠上（48m和21m）风向80%情况下沿山谷方向吹（表4.1）。夜间风向以下沿山谷下行风为主，白天风向以沿山谷上行风为主（表4.1）。

表4.1　　　　　　　　　　不同高度谷风和坡风的频率分布

| 高度/m | 风向分区 | 全年/% | 生长季 | | 非生长季 | |
|---|---|---|---|---|---|---|
| | | | 白天/% | 夜间/% | 白天/% | 夜间/% |
| 48（冠上） | 沿山谷下行 | **44.4** | 30.1 | **77.3** | 21.5 | **51.1** |
| | 下坡 | 8.9 | 16 | 6.1 | 6.2 | 7.6 |
| | 沿山谷上行 | 41.2 | **47.7** | 14.7 | **62.4** | 37.1 |
| | 上坡 | 5.5 | 6.3 | 1.9 | 9.9 | 4.1 |
| 21（紧贴冠上） | 沿山谷下行 | **45.6** | 27.8 | **73.6** | 21.5 | **58.1** |
| | 下坡 | 10.3 | 11.5 | 14.4 | 6.2 | 10 |
| | 沿山谷上行 | 38.9 | **50.2** | 11 | **63.8** | 30 |
| | 上坡 | 5.3 | 10.5 | 1 | 8.6 | 2 |
| 2（冠下） | 沿山谷下行 | 21.7 | 7.7 | 29.5 | 9.5 | 35.6 |
| | 下坡 | **53.4** | **56.7** | **62.7** | 35.7 | **57.1** |
| | 沿山谷上行 | 14.3 | 15.2 | 2.3 | **37.3** | 5.4 |
| | 上坡 | 10.7 | 20.4 | 5.6 | 17.5 | 1.9 |

注　数据用30min平均矢量统计。主导风向加粗显示。

夜间山谷下行风相对频率为60%～80%，而白天降至20%。只有48m夜间下坡风发生概率超过白天。上坡风概率普遍很低，尤其是夜间。这些结果表明冠上气流符合典型的热力驱动山谷风环流。

冠下（2m）风向与冠上明显不同（表4.1）。除了非生长季下午山谷上行风略占优势之外，在任意时刻下坡风都为主导风向。山谷下行风概率小于30%且在白天达到最低值（<10%）。与此相反的是，山谷上行风和上坡风概率白天有所上升。林下风向的格局表明林冠上下经常不一致（详见4.1.2）。

尽管生长季和非生长季日变化格局总体相同，但仍然存在一些明显的差别。在48m，夜间山谷下行风频率在生长季略高于非生长季，而山谷上行风频率在夜间和白天均为非生长季较高。在21m，生长季下坡风概率略高于非生长季。在2m，山谷上行风概率在生长季较高。

### 4.1.2 风向垂直切变

白天和夜间均有明显的风向垂直切变（表4.1）。白天，21m风向与48m一致，但2m风向逆时针偏转至下坡方向。此外，白天逆时针、夜间顺时针切变在生长季更明显。生长季和非生长季下坡风频率从48m到2m分别增加40.7%和29.5%，而山谷上行风频率分别下降32.5%和25.1%。夜间，从48m到2m，风向逐渐顺时针偏转40°。与48m相比，2m山谷下行风频率在生长季低47.8%，而在非生长季仅低15.5%；下坡风频率在生长季和非生长季分别增加56.6%和49.5%。若用20°切变为解耦联标准，白天和夜间冠上解耦联概率分别为22%和39%，而冠下分别为76%和71%。

## 4.2 风速变化

### 4.2.1 水平风速

林冠上$U$日变化生长季大体呈双峰但非生长季呈单峰格局（图4.1）。风速最低值出现在清晨和傍晚的昼夜转化期。清晨从山谷下行风转化为山谷上行风的时期发生在日出后2～3h，而傍晚转换期大约在日落前1h。与冠上$U$形成鲜明对比的是，2m $U$总体上夜间高于白天。非生长季$U$较大。

尽管冠上$U$高于冠下，但$U$廓线随时间而变化。夜间，$U$最大值出现在42m。白天对流边界层阶段，$U$随高度单调递增（图4.1）。此外，夜间泄流中心的风速切变在生长季更明显，这与生长季的平均$U$较低形成鲜明对比。

### 4.2.2 垂直风速

生长季PF坐标旋转之后的36m的$w$具有明显的日变化，白天多为正值（向上）、夜间多呈负值（向下）（图4.2）。2m的$w$在绝大多数情况下为负值（除上午和傍晚外）。夜间$w$量级约为$-0.05\text{m s}^{-1}$。非生长季垂直风速全天均在0上下波动，尽管天与天之间的变化同生长季类似。

## 4.2 风速变化

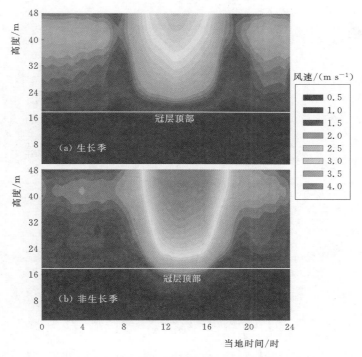

图 4.1 生长季和非生长季水平风速廓线平均日变化
(参见文后彩图)

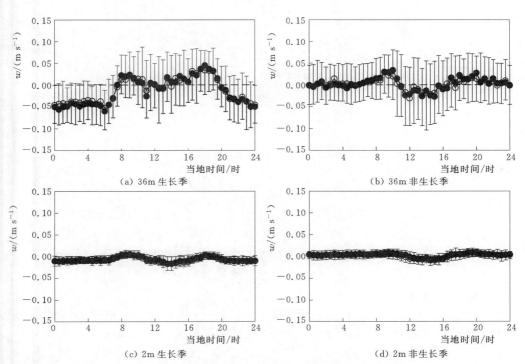

图 4.2 林冠上 (36m) 和林冠下 (2m) 垂直风速 $w$ 日变化
(空心点为平均值、实心点为中位数,误差线为四分位数。虚线表示 0 值。)

## 4.3 温度梯度与稳定度

$G_T$因高度和季节而异（图4.3）。生长季，$G_{TBC}$与$G_{TAC}$几乎相反：夜间$G_{TAC}$为正（逆温）、白天为负[图4.3（a）]，而$G_{TBC}$夜间为负、白天为正或中性[图4.3（b）]。有意思的是$G_{TBC}$呈双峰日变化格局，在午后（13：00前后）出现一个较低的"马鞍形"负值低谷。与此相反，非生长季林冠上下$G_T$一致：上午到下午为负[图4.3（c）和图4.3（d）]。此外，一般情况下夜间变异比白天大，但生长季林冠下白天变异最大例外。

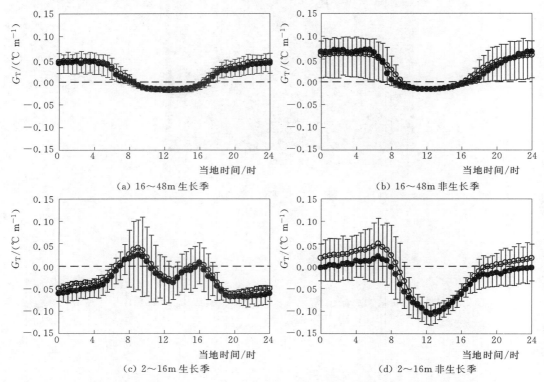

图4.3 冠上（16～48m）和冠下（2～16m）虚位温度梯度（$G_T$）的平均日变化
（空心点为平均值、实心点为中位数，误差线为四分位数。虚线表示0值。）

生长季和非生长季白天平均冠下$R_n$接近，尽管生长季林冠上$R_n$高（图4.4）。林冠层生长季白天净吸收199W m$^{-2}$，而非生长季降至125W m$^{-2}$。这导致林冠上不稳定而林冠下热力稳定或近中性层结（图4.3）。另一方面，在晴朗无风的夜间，净辐射冷却开始后，冠层元素（叶片、枝条表面）比空气冷却更快，导致冠层上部出现低温中心，从而产生冠上稳定而冠下不稳定状况。

大气稳定状况频率日变化如图4.5所示。36m高度，中等不稳定状况在白天占优势而中等稳定状况在夜间占优势。但在2m高度，情况恰好相反（非生长季白天除外）。这表明林冠下稳定状况经常与林冠上相反，这是由林冠层浓密冠层阻碍动量和热量的垂直交换的结果。

4.3 温度梯度与稳定度

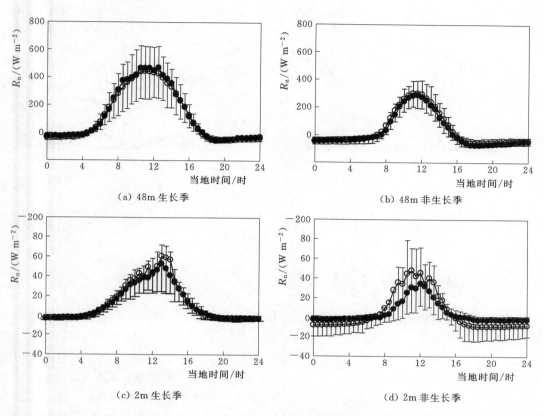

图 4.4　冠上 (48m) 和冠下 (2m) 净辐射 ($R_n$) 的平均日变化

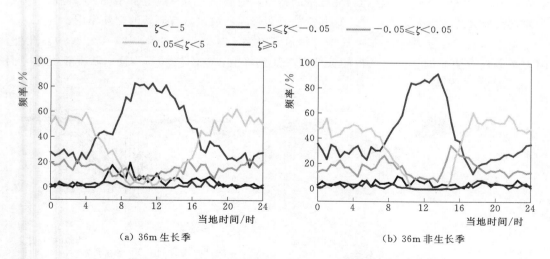

图 4.5 (一)　冠上 (36m) 和冠下 (2m) 大气稳定状况的平均日变化
(参见文后彩图)

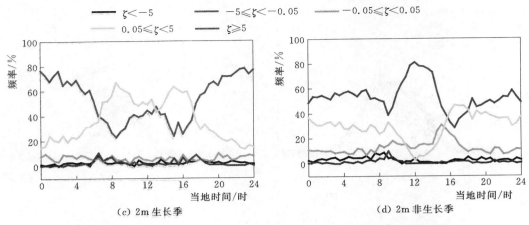

(c) 2m 生长季　　　　　　　　　(d) 2m 非生长季

图 4.5（二）　冠上（36m）和冠下（2m）大气稳定状况的平均日变化
（参见文后彩图）

## 4.4　雷诺应力与阻力系数变化

为了区分纵向和侧向湍流的不同特征，湍流数据通常在主风向、侧风向和垂直方向构成的坐标系进行分析。对于雷诺应力张量的垂直动量传输组分，这意味着在均质地形条件下侧向湍流实际为零，并且平均风矢量和应力矢量方向不一致是纯统计的。但在两个时空尺度不同的风系统相互作用的情况下，这一假设必然不成立。林冠上下雷诺应力组分（动力学上的动量通量）见图 4.6。林冠上侧向应力为负值，并且在正午前后出现最大值，大体上与平均风速日变化格局（图 4.1）相反。林冠下侧向应力小得多，甚至在生长季出现正值。侧向应力有 3 个明显的特征：①侧向应力与纵向应力数量级相当，甚至在生长季林冠下大于纵向应力；②林冠上下纵向应力日变化格局相似，但侧向应力林冠上下相反；③侧向应力较小而且正负交替，白天尤为如此。这些特征表明谷风和坡风具有显著的交互作用。

阻力系数呈生长季大于非生长季、林冠下略大于林冠上的变化规律（图 4.7）。此外，阻力系数具有明显的日变化，夜间较低正午达到峰值，这一格局与不稳定状况相类似，而

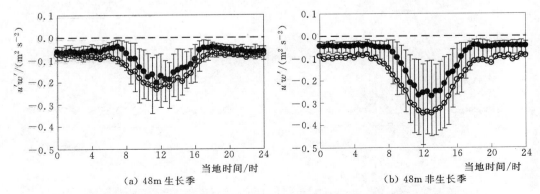

(a) 48m 生长季　　　　　　　　　(b) 48m 非生长季

图 4.6（一）　冠上（36m）和冠下（2m）雷诺应力的平均日变化
（空心点为平均值、实心点为中位数，误差线为四分位数。虚线表示 0 值。）

## 4.4 雷诺应力与阻力系数变化

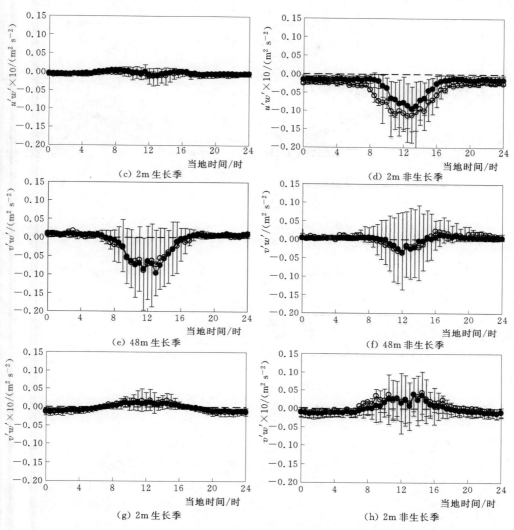

图 4.6（二） 冠上（36m）和冠下（2m）雷诺应力的平均日变化
（空心点为平均值、实心点为中位数，误差线为四分位数。虚线表示 0 值。）

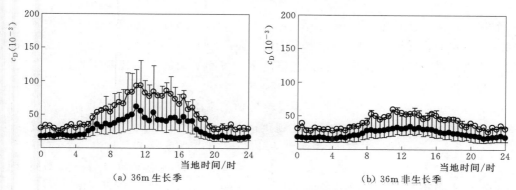

图 4.7（一） 冠上（36m）和冠下（2m）阻力系数 $c_D$ 的平均日变化
（空心点为平均值、实心点为中位数，误差线为四分位数。）

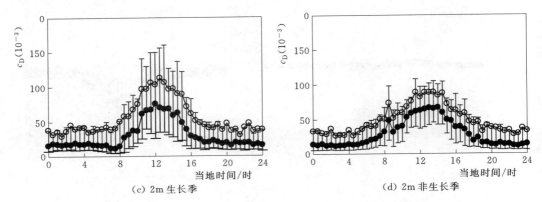

(c) 2m 生长季          (d) 2m 非生长季

图 4.7（二）　冠上（36m）和冠下（2m）阻力系数 $c_D$ 的平均日变化

（空心点为平均值、实心点为中位数，误差线为四分位数。）

与稳定状态相反，表明 $c_D$ 与 $\zeta$ 负相关。这表明夜间林冠上下解耦联，将抑制动量传输和标量（如 $CO_2$）混合。

## 4.5　风与热力稳定性和大气稳定度的关系

### 4.5.1　林冠上

风向与 $G_{TAC}$ 有关（图 4.8）。在中等到强逆温（正 $G_T$）条件下，不管是白天还是夜间沿山谷下行风发生频率更高，但下坡风只有白天更易发生。这些格局表明负浮力促进了泄流或下沉气流发生。与此类似，大气稳定度大体决定了风向分布（图 4.9）。在 48m 和 21m 高度，不稳定状态下的沿山谷上行风的优势逐渐转变为中等稳定状态（$0.05 \leqslant \zeta < 0.5$）下的沿山谷下行风。但在强稳定状态下，风向再次转变为沿山谷上行风为优势［图 4.9（e）］。然而，2m 高度下坡风无论哪种稳定度都占优势，特别是强不稳定状况［图 4.9（a）］。但在非生长季下坡风只有在稳定状态下才占优势［图 4.9（i）和图 4.9（j）］。从 48m 沿山谷下行风到 2m 下坡风的切变在中等稳定度下更明显，风向切变在近中性条件下最小。

谷风和坡风风速总体上与 $G_{TAC}$ 负相关（图 4.10），表明沿山谷下行风和下坡风受强负浮力驱动。然而，谷风与坡风、白天与夜间、季节之间有很大差别。与坡风相比，谷风对林冠上热力梯度更敏感。在相同热力稳定度下，夜间沿山谷下行风和下坡风比白天更明显。生长季沿山谷下行风稍强。

42m 和 48m 水平风速的垂直切变也受热力梯度驱动（图 4.11）。在夜间，逆温形成后负垂直切变开始，并且在中等逆温时达到负极值，强逆温形成时再次恢复到接近零［图 4.11（a）］。这一非线性响应表明强泄流发生在中等逆温条件下，与沿山谷下行风频率［图 4.8（a）和图 4.8（d）］、谷风速度［图 4.10（a）］的响应一致。与夜间不同，白天风速切变随虚位温度梯度增加而降低［图 4.11（b）］，与沿山谷下行风频率［图 4.8（g）］和谷风速度［图 4.10（d）］大体吻合。

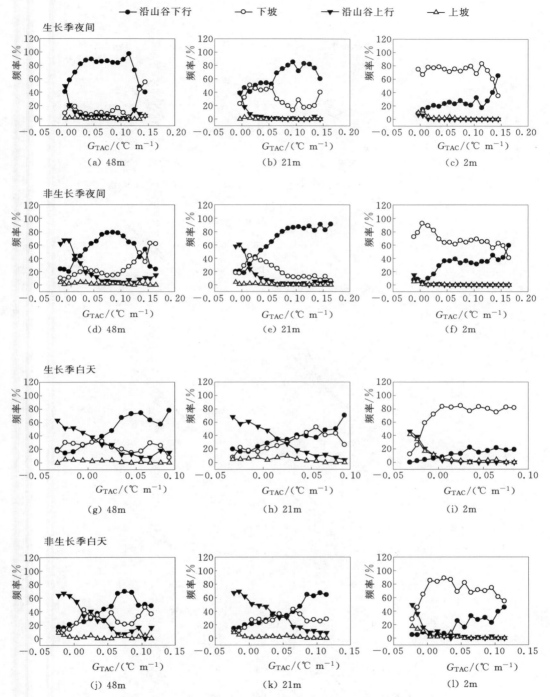

图 4.8 48m、21m 和 2m 高度平均风向扇区频率随林冠上虚位温度梯度（$G_{TAC}$）的变化

### 4.5.2 林冠下

林冠下虚位温度梯度（$G_{TBC}$）影响风向（图 4.12）。夜间，沿山谷下行风频率随 $G_{TBC}$

# 第4章 风与热力学特征

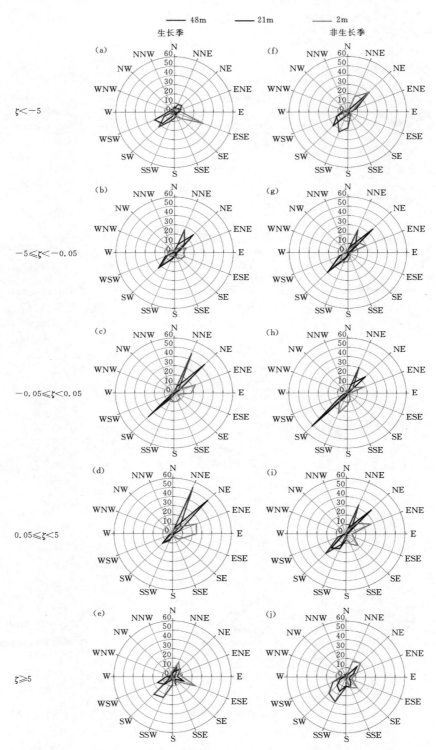

图 4.9  48m、21m 和 2m 高度 5 个稳定度的风向频率分布
(参见文后彩图)

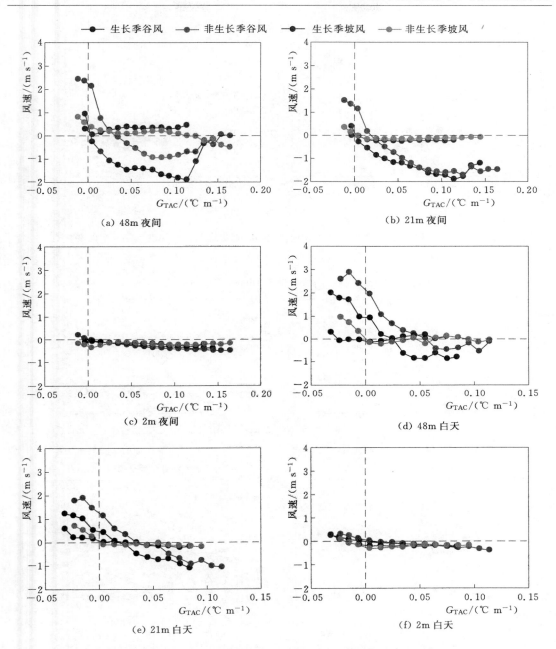

图 4.10 48m、21m 和 2m 高度平均沿山谷和跨山谷风速随林冠上虚位温度梯度（$G_{TCA}$）的变化
(参见文后彩图)

逐渐增大，到达一定阈值后趋于平稳[图 4.12（a）和图 4.12（b）]。出乎意料的是，下坡风百分比在逆温条件下降低。白天，当 $G_{TBC} > -0.1℃\ m^{-1}$ 时，风向以沿山谷上行风为主，当逆温减弱至解除时，风向变为下坡风为主[图 4.12（c）和图 4.12（d）]。风向对 $G_{TBC}$ 的响应与对稳定度的响应基本一致（图 4.13）。生长季下坡风在任何稳定度下均占优势，非生长季强不稳定和近中性情况下除外。林冠下下坡风在强不稳定状况下最明显。

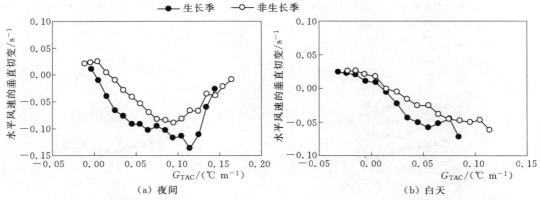

图 4.11 42m 和 48m 之间水平风速垂直切变随林冠上虚位温度梯度（$G_{TAC}$）的变化

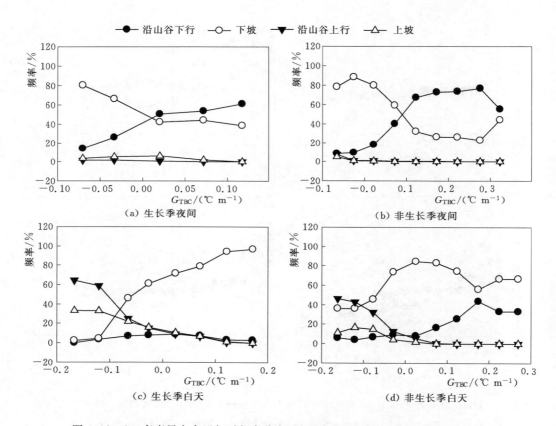

图 4.12 2m 高度风向扇区相对频率分布随林冠下虚位温度梯度（$G_{TBC}$）的变化

林冠下风速也随冠下热稳定性而变（图 4.14）。夜间，林冠下风速随冠下逆温形成和发展而降低。令人惊奇的是，下坡风风速随逆温增强而降低。这表明在强负浮力情况下，下坡风受沿山谷下行风抑制。白天温度梯度以相似的方式影响谷风和坡风。但在强负浮力强迫下，沿山谷下行风受下坡风抑制。

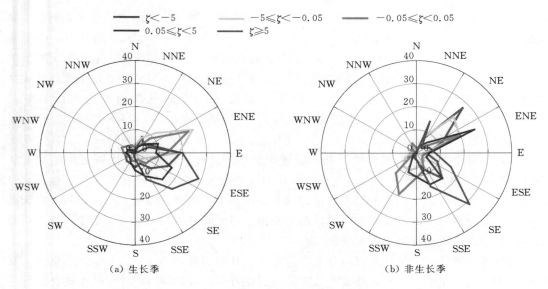

图 4.13　2m 高度 5 个稳定度的风向相对频率分布
（参见文后彩图）

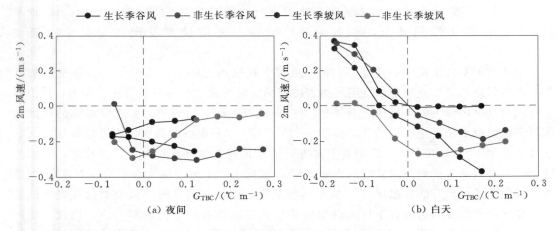

图 4.14　2m 高度谷风与坡风平均风速随林冠下虚位温度梯度（$G_{TBC}$）的变化
（参见文后彩图）

## 4.6　讨论

　　帽儿山通量塔周围风向（表 4.1）和风速（图 4.1 和图 4.2）变化表明该站具有明显的热力驱动的山谷风系统。夜间林冠下气流的右向（顺时针）切变与先前一些森林地点观察的和模拟的水平风向垂直切变方向一致[128,236-239]，但与其他地点的左移相矛盾[216,240,241]。实际上，平静夜晚的冠下风向主要依赖于当地最长的坡度方向[62,216]，这是局部地形依赖的。然而，上部山谷风系统由更大尺度的地形决定[60,83]。在帽儿山通量站，夜间从冠上向地面明显的下坡方向切变表明了下坡气流向山谷中心合流[68,70]。

## 第4章 风与热力学特征

风向切变可以表明气流解耦联。一方面，夜间冠下与冠上气流的错位是复杂地形中高大浓密冠层的站点的一个共同特征[34,61,62,78,128,216,242]，甚至在一个地形平坦的老龄热带森林站点（Santarém LBA - ECO 站，约 1°坡度）也是如此[79]；另一方面，冠下白天频繁的下坡风（表 4.1）与经典的山谷风日变化理论系统[60]相矛盾。在其他站点也观测到高大浓密的冠层下方存在白天泄流：在平坦地形的下坡风[79,239]或复杂地点的沿山谷下行风[77,78,243]。有趣的是，5 个白天冠下泄流的站点（MMSF 站点[78]，AEF 站点[77]，Manaus LBA 站点[79]，西双版纳站点[243]和本书的帽儿山站点）有两个共同特征：①高大茂密的树冠；②靠近山谷中心或侧壁下部，坡度相对平缓。有证据表明，浓密冠层的辐射加热/冷却将冠层上下隔离开[75,77]，这在解耦联的冠下泄流形成中起着关键作用。然而，目前还不清楚为什么 5 个白天的冠下泄流都发生在山谷中心附近。在帽儿山站，冠下白天的下坡风可能是对冠上的沿山谷上行风的部分补偿。白天和夜间频繁的冠下泄流可能会对冠层以上的单点湍流通量观测带来质疑[244]。

山谷风系统的一个特征是夜间存在泄流中心，其典型高度为 10~100m[60]。例如，犹他州盐湖谷地低角度（1.6°）侧壁的最大风速发生在 10~15m 高度[70]，但在该谷的另一个山坡可能达到 40m[245]。大多数森林站的研究报道，泄流往往局限在林冠下，其特征是冠层相对开敞和林下植被不明显[61,69,246]，或在长山坡的上坡位[237,247]，或非常平缓的山坡[216]。风河（Wind River）站观测到沿山谷下行的泄流中心高度为 70~100m[81]。由于冠层下方只有一个观测点，本书没有检测许多先前研究发现的第二个风速最大值[77,82,240,246,248]。

帽儿山的平均泄流中心高度（42m）相对于其他地点较高，这可能是山谷地形的结果。在山谷地形中，侧壁上的气流和沿着山谷轴线的气流之间存在显著相互作用，沿山谷下行风与孤立山体上的下坡风显著不同[60]。在山坡上部进行观测时，夜间泄流的深度通常限于地面以上树干空旷层的几米范围内[61,237,246,247]。在山谷的侧壁上，下坡风通常在日落之前开始[67,249]，在午夜前沿山坡下降方向逐渐加速并增加深度[38,62,70]。然而，山谷侧壁上的下坡风通常受到谷风发展的影响[62,250]。实际上，下坡流通常会汇聚到谷底[68,251]或进入谷底上方被抬升的逆温层[70]。如果山谷宽度沿轴没有明显收缩或表面微气候也没有重大变化，那么夜间沿山谷下行风会加速并且随着距离的增加而增厚[60,81]。因此，夜间的主要特征是整个山谷体积中泄流占优势[60]。遗憾的是，大多数 EC 通量塔不够高，无法观察到冠层上方的泄流最大值。只有少数研究（包括本研究）发现最大风速的高度可能发生在冠层以上[69,77,80]。然而，确定任何地点山谷风的完整廓线需要高塔或其他技术（例如气球和雷达）[77,81]。夜间的深层泄流可能会质疑 EC 在冠层上测量的物质和能量通量[62]，传统的 $u_*$ 阈值过滤法受到质疑。

白天向上和夜间向下的 $w$ 的冠上昼夜格局与风向的日变化一致，是热力驱动风系统的一个显著特征[62,74,136,138,217,236]。生长季冠上 $w$ 的日变化表明，夜间辐合占主导地位，白天辐散占优势[74,78,138]。这表明存在正垂直平流（从控制体积中去除 $CO_2$），忽略质量平衡方程中的该项会低估夜间呼吸[93]。48m 到 2m 的风向切变表明，如果缺乏水平 $CO_2$ 梯度就无法确定水平平流的方向和大小[93]。白天的正 $w$ 表明负垂直平流，忽略该项会低估生态系统的 $CO_2$ 吸收。然而，垂直和水平平流总和对 NEE 的贡献取决于它们的方向和大小，如果没有直接的水平平流测量，很难作出推断。

$G_{TAC}$通常与经典的昼夜过程一致。然而，在冠层浓密高大的森林下经常观测到白天逆温和夜间非逆温或等温条件[77-79,252-254]，这与冠层开阔的森林[221,248,255]或落叶季节[78,256]显著不同。在天空晴朗的白天，加热主要发生在林冠顶部，因为密集的林冠比地面吸收的太阳辐射要多得多[77,252]。

白天冠层吸热导致林冠上的不稳定条件但林冠下稳定或中性条件，夜间却在净辐射冷却开始后由于冠层分子（叶片、枝、干）比冠层空气初始冷却更快[75]而在冠层顶部产生低温中心，这导致林冠上稳定而林冠下不稳定[34,78,79,253]。在帽儿山站，很明显生长季林冠吸收的辐射比在非生长季多得多，表明浓密冠层具有热隔离作用（图4.4）。值得注意的是，在低矮但非常密集的针叶林冠层（9.5m高，LAI为$9m^2\ m^{-2}$），冠层内的温度梯度为正[257]。由于针叶低至地面，如此低矮的冠层似乎没有足够的空间来形成不稳定的亚层。因此，浓密冠层和树干空旷层是林下逆温的必要条件。而夜间林冠上下解耦联也可在冠层相对开敞的森林出现[134]，但其机制完全不同。

先前在冠层中的动量传递通常简化为2-D条件，即忽略了运动应力的方向切变分量。我们的结果以及其他山谷地区的研究结果证明了垂直动量通量的横向分量不容忽视。帽儿山站点冠上侧向应力与冠下侧向应力相反，这与高山峡谷中陡峭的森林坡面上方的研究结果一致[69]。但是，Rotach等[83]发现在草地植被覆盖的山谷侧壁，雷诺应力的横向分量日周期在时间和大小上与摩擦（剪切）应力组分相似。两者冠层之间的差异似乎起重要作用。在帽儿山站，冠上上行风左偏转，下行风右偏转。这种情况在2m高处似乎相反，表明了亚冠层解耦联。然而，给出冠层内动量传递的全貌有必要详细观测应力，从而有助于解释因地点而异的动量格局[69]。$c_D$也同样表明夜间林冠上下解耦联现象。

风向频率与$G_T$有一定关系，逆温越强，下行风越明显。对于近中性条件，风向切变的幅度最小，这与UMBS站点的情况[240]一致。用稳定度参数$\zeta$表达大气稳定度也表现出相似的规律（图4.9、图4.13），与总体理查森数意义[81]一致。

## 4.7 本章小结

冠层上方的风向白天以沿山谷上行风、夜间以沿山谷下行风为主，与冠上温度梯度和稳定性参数的日变化吻合。在生长季和非生长季夜间，通常在地表以上42m处（树冠高度的2.3倍）会形成最大速度为$1\sim3m\ s^{-1}$的沿山谷下行风。然而，冠层下方的盛行风在夜间为下坡风，与冠下的温度递减和中等不稳定条件不一致。这种明显方向切变表明尺度较大的谷风叠加在厚度较小的坡风上面。因此，谷风分量随着高度的增加而变得更强，表明泄流向山谷中心辐合。在白天，由于逆温和生长季的稳定条件，冠下主要是下坡风，非生长季则主要是沿山谷上行或下坡风。浓密冠层对动量通量和辐射的隔离作用在冠下风向切变和逆温稳定层结形成中起关键作用。由于风向切变，本书监测到显著的横向运动动量通量。这些发现表明该地区的坡风和谷风之间存在显著的相互作用。冠层上方的频繁垂直辐合/辐散和夜间/白天冠层下方的水平辐散/辐合可能会引起痕量气体和能量通量的显著平流。

# 第 5 章

# $CO_2$ 浓度时空变化特征

## 5.1 $CO_2$ 浓度及其相关因子的日变化

本章用最简单的摩尔分数（$c_c$）表达 $CO_2$ 浓度。总体看来，不同月份和高度的 $c_c$ 均呈"单峰型"日变化格局（图 5.1）。除 2 月外，其他月份的 $c_c$ 午夜后缓慢增加或大体平衡，

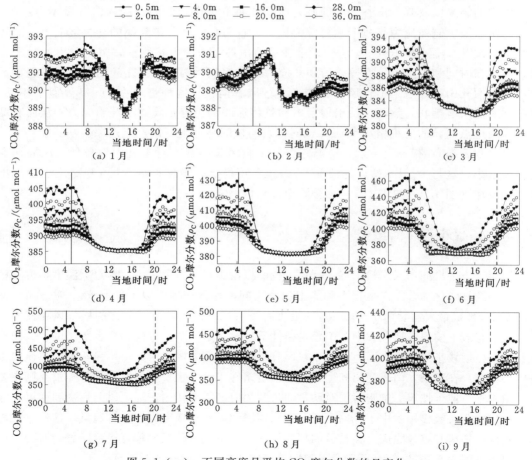

图 5.1（一） 不同高度月平均 $CO_2$ 摩尔分数的日变化
（实竖线和虚竖线分别表示日出和日落时间。）

## 5.1 $CO_2$ 浓度及其相关因子的日变化

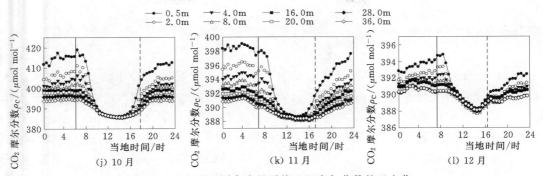

图 5.1（二） 不同高度月平均 $CO_2$ 摩尔分数的日变化
（实竖线和虚竖线分别表示日出和日落时间。）

一般在日出时分达到最大值（5月、6月和11月最大值出现在夜间）；日出后 1～3h 内开始迅速减小，午后（13:00—15:00）达到最低值；日落前 $c_c$ 又开始迅速升高。

在日尺度上，$u_*$ 呈明显的单峰曲线（图5.2），与 $c_c$ 日变化趋势大体相反（图5.1）。7月 $u_*$ 峰值与1月休眠季相当，但前者夜间的 $u_*$ 略大于后者。7月 $G_{TBC}$ 与 $G_{TAC}$ 日变化格局不同（图5.3）：$G_{TBC}$ 为"双峰"型，峰值分别出现在上午和下午，夜间没有逆温现象（负梯度），白天逆温明显（正梯度）；$G_{TAC}$ 为"单峰"型，夜间逆温明显，形成稳定层结[图5.3(a)]。这表明生长旺季浓密的冠层阻断了热量在冠层上下的垂直传输，从而迫使林冠上下 $c_c$ 可能具有不同的控制因子。1月 $G_{TBC}$ 与 $G_{TAC}$ 格局相同，全天逆温时间大大延长，只有正午时分

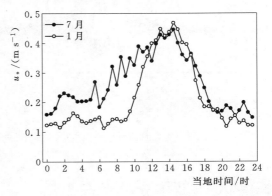

图 5.2 生长季节（7月）和休眠季节（1月）月平均摩擦风速 $u_*$ 日动态

的几个小时维持负梯度[图5.3(b)]，说明对流边界层的持续时间很短。1月温度梯度的格局与 $c_c$ 基本一致（图5.1）。

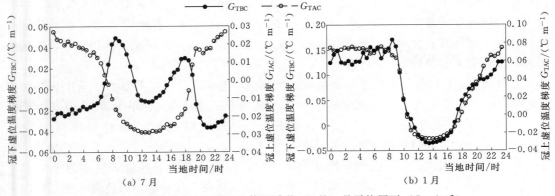

图 5.3 生长季节（7月）和休眠季节（1月）月平均冠下（$G_{TBC}$）和冠上（$G_{TAC}$）虚位温度梯度日动态

## 5.2 $CO_2$ 浓度季节变化

冠层 $c_c$ 日变化格局具有明显的季节动态（图 5.1）。生长季的日变幅明显大于非生长季。1—2 月的日变幅小于 $5\mu mol\ mol^{-1}$，3 月开始日变幅逐渐增大，到 7 月达到最大值（0.5m 处大于 $150\mu mol\ mol^{-1}$），之后又逐渐减小，到 12 月再次降低到 $5\mu mol\ mol^{-1}$ 以下。严冬季节（1—2 月和 12 月）白昼很短，$c_c$ 白天呈"V"形，低谷转瞬即逝。而其他季节（3—11 月）白昼变长，$c_c$ 白天呈"U"形，林冠层以上低谷持续的时间也明显延长，但是近地层低谷持续时间在生长旺季（6—8 月）较短。

近地层（0.5m）与冠层内（8.0m）及林冠上（28.0m）日平均 $c_c$ 变化趋势明显不同：近地层 $c_c$ 在 7 月达到峰值，而冠层和冠上则在 5 月初和 10 月分别出现一次峰值，3 月出现第一次低谷，8 月出现最低值，生态系统表现为明显的大气 $CO_2$ 汇，10 月冠层落叶后 $c_c$ 再次升高（图 5.4）。此外，近地层日平均 $c_c$ 的变幅（$138\mu mol\ mol^{-1}$）远大于冠上（$57\mu mol\ mol^{-1}$）。

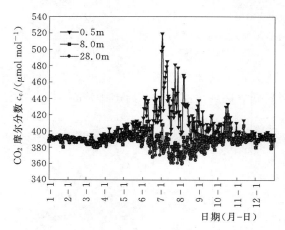

图 5.4 近地层（0.5m）、冠层内（8.0m）和林冠上（36.0m）的日平均 $CO_2$ 摩尔分数（$c_c$）的季节动态

## 5.3 $CO_2$ 摩尔分数垂直变化

不同高度的 $c_c$ 日变化时间存在一定差异。日出前后 $c_c$ 开始迅速降低的时间以及达到相对稳定的低谷水平的时间不同。冬季植被休眠时期，冠层内部 $c_c$ 迅速降低的时间早于林冠层以上，近地层（0.5m）降低时间最早。而在生长季情况正好相反，冠层内部 $c_c$ 迅速降低的时间晚于林冠层上方，近地层迅速降低的时间最晚。生长季冠层内部 $c_c$ 达到低谷阶段的时间也明显晚于林冠层及其上方。而生长季节到休眠季节的过渡时期（4 月和 10 月）上下层之间几乎同步变化。从下午至傍晚，除了严冬时期外，近地层 $c_c$ 总是最先开始升高，而冠上开始升高的时间总是最晚。这种趋势在生长旺季尤为明显。例如 6 月，近地层浓度回升比冠上提前约 5h。

总体而言，$c_c$ 随着观测高度的增加而逐渐减小，生长季的梯度明显大于非生长季。图 5.5 以 7 月和 1 月说明 $c_c$ 垂直梯度的日变化及其季节差异。总体上白天的 $c_c$ 梯度小于夜间，休眠季节小于生长季节，上层小于下层。7 月夜间冠上 $c_c$ 垂直梯度可以低至 $-0.94\mu mol\ mol^{-1}\ m^{-1}$，而在 7:30 至 17:30 时段在 $0.10\mu mol\ mol^{-1}\ m^{-1}$ 上下波动，冠层表现为明显的碳汇。1 月夜间梯度比白天明显，但全天均为负梯度，波动为 $-0.02\sim 0.00\mu mol\ mol^{-1}\ m^{-1}$，冠层表现为微弱的碳源；冠层梯度 7 月基本上为负值，为 $-1.73\sim 0.07\mu mol\ mol^{-1}\ m^{-1}$；而 1 月梯度很小，变动为 $-0.01\sim 0.03\mu mol\ mol^{-1}\ m^{-1}$；冠下梯度明显，7月从清晨的最低值（−13.36μmol mol$^{-1}$ m$^{-1}$）变化到午中最高点（−2.97μmol mol$^{-1}$ m$^{-1}$），1月从最低点（−0.23μmol mol$^{-1}$ m$^{-1}$）变化到午后最高点（−0.03μmol mol$^{-1}$ m$^{-1}$），一直表现为大气$CO_2$源；尽管总体梯度与冠下格局类似，但生长季节与休眠季节的变幅差别很大：7月波动为−3.60～−0.59μmol mol$^{-1}$ m$^{-1}$，1月变化为−0.05～−0.00μmol mol$^{-1}$ m$^{-1}$。此外，7月日落后（20：00前后）冠下和总体梯度有一个短暂的峰值，对应于此时近地层$c_c$的下降过程（图5.1）。

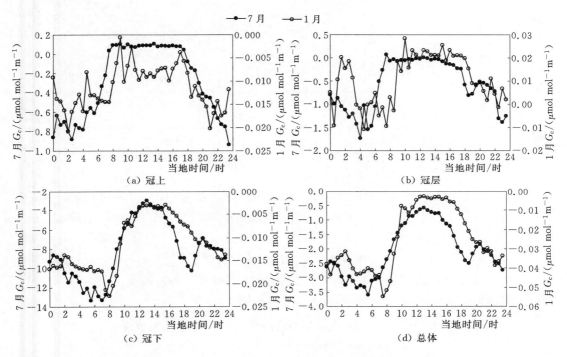

图5.5　生长季节（7月）和休眠季节（1月）不同层次月平均$CO_2$摩尔分数的垂直梯度（$G_c$）

## 5.4　$CO_2$摩尔分数变化的影响因子

Pearson相关性分析表明，在日尺度上，7月近地层（$c_{c0.5m}$）和林冠上$c_c$（$c_{c28.0m}$）影响因子相同，主要受气温（$T_{28m}$和$T_{2m}$）或0cm土壤温度（$T_{0cm}$）的影响，且气温影响大于$T_{0cm}$；PAR、$u_*$和$G_{TAC}$也有显著影响，10cm土壤温度（$T_{10cm}$）和含水率（$SWC_{10cm}$）没有显著影响（表5.1）；1月$c_{c0.5m}$和$c_{c28m}$的影响因子发生了变化，$G_{TAC}$是$c_{c0.5m}$最为重要的影响因子，气温的影响明显减弱，而$T_{10cm}$和$SWC_{10cm}$的影响增强，但$G_{TAC}$对$c_{c28m}$影响最大，PAR的影响是通过边界层行为间接起作用的。在年尺度上，$u_*$、PAR、气温、$T_{0cm}$和$G_{TAC}$的影响比日尺度上的作用大大减弱，且PAR和气温及$T_{10cm}$的影响对近地层和林冠上影响方向相反，近地层正相关，而林冠上负相关。另外，$T_{10cm}$的影响比日尺度的明显增强，$SWC_{10cm}$也对$c_{c0.5m}$有显著的影响。总体而言，近地层与环境因子的相关性比林冠上的更紧密。

## 第5章 CO₂浓度时空变化特征

表5.1　近地层（$c_{c0.5m}$）和林冠上（$c_{c28m}$）CO₂浓度与环境因子的相关性分析

| $c_c$ | $u_*$ | PAR | $T_{28m}$ | $T_{2m}$ | $T_{0cm}$ | $T_{10cm}$ | $SWC_{10cm}$ | $G_{TAC}$ |
|---|---|---|---|---|---|---|---|---|
| 7月日尺度 | | | | | | | | |
| 0.5m 高度 | -0.80** | -0.88** | -0.95** | -0.96** | -0.93** | 0.23 | -0.15 | 0.88** |
| 28.0m 高度 | -0.74** | -0.80** | -0.98** | -0.95** | -0.90** | 0.23 | -0.22 | 0.88 |
| 1月日尺度 | | | | | | | | |
| 0.5m 高度 | -0.49** | -0.42** | 0.32* | 0.30* | -0.76** | 0.39* | 0.40* | 0.85** |
| 28.0m 高度 | -0.32** | -0.63** | -0.49** | -0.49** | -0.56** | 0.31* | 0.29* | 0.52** |
| 年尺度 | | | | | | | | |
| 0.5m 高度 | -0.21** (350) | 0.31** (366) | 0.59** (366) | 0.59** (366) | 0.65** (366) | 0.64** (366) | 0.38** (333) | -0.10 (366) |
| 28.0m 高度 | -0.05 (344) | -0.32** (357) | -0.41** (357) | -0.41** (357) | -0.45** (357) | -0.47** (357) | -0.05 (327) | 0.15** (366) |

注　$u_*$、PAR、$T_{28m}$、$T_{2m}$、$T_{0cm}$、$T_{10cm}$和$SWC_{10cm}$分别表示摩擦风速、光合有效辐射、28m气温、2m气温、0cm土温、10cm土温和10cm土壤体积含水率。**和*分别表示在0.01和0.05水平上显著。日尺度的样本数为48，而年尺度样本数列在括号内。

与上述类似，$c_c$垂直梯度的影响因子也随时间而变（表5.2）。7月，对$G_{cAC}$和$G_{cWC}$影响最大的是$G_{TAC}$，$T_{2m}$、$T_{0cm}$和PAR，$u_*$的影响较大；而对$G_{cBC}$和$G_{cB}$而言，最重要的是$T_{2m}$和$T_{0cm}$，$G_{TAC}$的影响也很大。$T_{10cm}$和$G_{TBC}$的影响较小；1月，总体而言主要受$G_{TAC}$控制，$u_*$、$G_{TBC}$、$T_{2m}$和$T_{0cm}$的影响也较强，而PAR对各梯度的影响减弱，$T_{10cm}$的影响很小。在全年尺度上，温度尤其是$T_{2m}$和$T_{0cm}$成为各层的梯度的控制因子，$T_{10cm}$的影响明显增强，温度梯度、$u_*$和PAR的影响减小。

表5.2　林冠层上（36.0~20.0m）、林冠层内部（20.0~8.0m）、林冠层下（8.0~0.5m）和总体（36.0~0.5m）CO₂浓度梯度（$G_c$）与环境因子的相关性分析

| $c_c$梯度 $G_c$ | $u_*$ | PAR | $T_{2m}$ | $T_{0cm}$ | $T_{10cm}$ | $G_{TBC}$ | $G_{TAC}$ |
|---|---|---|---|---|---|---|---|
| 7月日尺度 | | | | | | | |
| 冠上梯度 $G_{cAC}$ | 0.81** | 0.86** | 0.87** | 0.76** | -0.46** | 0.84** | -0.93** |
| 冠层梯度 $G_{cWC}$ | 0.75** | 0.83** | 0.79** | 0.70** | -0.43** | 0.69** | -0.84** |
| 冠下梯度 $G_{cBC}$ | 0.67** | 0.75** | 0.80** | 0.82** | -0.07 | 0.28 | -0.69** |
| 总体梯度 $G_{cB}$ | 0.79** | 0.87** | 0.90** | 0.88** | -0.23 | 0.48** | -0.84** |
| 1月日尺度 | | | | | | | |
| 冠上梯度 $G_{cAC}$ | 0.54** | 0.50** | 0.53** | 0.34* | -0.53** | -0.50** | -0.61** |
| 冠层梯度 $G_{cWC}$ | 0.70** | 0.61** | 0.76** | 0.62** | -0.27 | -0.77** | -0.77** |
| 冠下梯度 $G_{cBC}$ | 0.85** | 0.68** | 0.96** | 0.86** | -0.19 | -0.96** | -0.94** |
| 总体梯度 $G_{cB}$ | 0.86** | 0.71** | 0.96** | 0.83** | -0.27 | -0.96** | -0.95** |

5.5 讨论

续表

| $c_c$梯度 $G_c$ | $u_*$ | PAR | $T_{2m}$ | $T_{0cm}$ | $T_{10cm}$ | $G_{TBC}$ | $G_{TAC}$ |
|---|---|---|---|---|---|---|---|
| 年尺度 | | | | | | | |
| 冠上梯度 $G_{cAC}$ | 0.21** (342) | −0.56** (355) | −0.69** (355) | −0.73** (355) | −0.72** (355) | 0.18** (355) | 0.00 (355) |
| 冠层梯度 $G_{cWC}$ | 0.14** (342) | −0.26** (355) | −0.51** (355) | −0.59** (355) | −0.60** (355) | 0.15** (355) | 0.19** (355) |
| 冠下梯度 $G_{cBC}$ | 0.17** (342) | −0.40** (355) | −0.67** (355) | −0.75** (355) | −0.75** (355) | 0.15** (355) | 0.25* (355) |
| 总体梯度 $G_{cB}$ | 0.16** (342) | −0.41** (355) | −0.68** (355) | −0.76** (355) | −0.76** (355) | 0.16** (355) | 0.23** (355) |

注　$u_*$、PAR、$T_{2m}$、$T_{0cm}$、$T_{10cm}$、$G_{TBC}$和$G_{TAC}$分别表示摩擦风速（m s$^{-1}$）、光合有效辐射（$\mu$mol m$^{-2}$ s$^{-1}$）、2m气温（℃）、0cm土温（℃）、10cm土温（℃）、冠下和冠上虚位温度梯度（℃ m$^{-1}$）。**和*分别表示在0.01和0.05水平上显著。日尺度的样本数为48，而年尺度样本数列在括号内。

## 5.5 讨论

### 5.5.1 $CO_2$摩尔分数日变化

在森林碳代谢和大气状况的共同作用下，温带森林$c_c$表现出明显的日变化特征（图5.1）。在生长季节，白天森林碳代谢旺盛，湍流交换增强利于林内$CO_2$的释放[94,258]，同时植被光合作用不仅大量吸收冠层上方的$CO_2$，也会重新固定一部分土壤呼吸释放的$CO_2$[89,90]，因而往往表现为较低的$c_c$，通常森林冠层$c_c$最低值出现在正午或午后[37,94-96,99,100,102,104,105,108,259]。相反，夜间土壤呼吸和植被呼吸持续释放$CO_2$，冠上逆温明显，稳定边界层限制了湍流交换，$c_c$常常维持在较高水平[102]。另外，落叶阔叶林比常绿针叶林的日变化更明显[95]，也说明阔叶林的冠层光合速率比针叶林高[12]。随着休眠季节的到来，生态系统的碳代谢逐渐减弱，$c_c$日变幅也逐渐减小。此时大气状况作为控制近地层$c_c$变化的主导因子显现出来（表5.1）[95]。白天$c_c$低谷持续时间从生长季节到休眠季节逐渐减小的趋势与白天对流边界层持续时间的季节变化一致。严冬季节，湍流交换较弱的夜间$c_c$仍然高于白天2～5$\mu$mol mol$^{-1}$，表明生态系统仍然存在微弱的$CO_2$释放。

不同高度的$c_c$变化幅度不同。一般而言从近地层开始随着高度的增加，$c_c$日变幅逐渐减小，这在生长季节尤为明显（图5.1）。随着高度的增加，一方面由于随着高度增加林内大气与上层大气混合加强，表现为近地层$c_c$浓度受大气湍流混合（$u_*$）的影响比上层大（表5.1）；另一方面，日变幅主要代表夜间与午后的差值，大体由夜间$CO_2$在近地层的积累决定[108]。这说明此时林内$CO_2$的主要来源是土壤。Janssens等[260]对欧洲森林的研究表明土壤呼吸是生态系统呼吸的主要部分，干扰较小的森林中平均贡献量占63%。

### 5.5.2 $CO_2$摩尔分数季节变化

近地层和林冠上方$c_c$的季节变化趋势不同（图5.2），其主要影响因子也不同。近地层$c_c$受到土壤温度的强烈影响（表5.1）而呈单峰型格局（图5.2）；而林冠上$c_c$出现两次低谷，整体上在生长旺季达到最低值，在休眠季节维持在较高水平，与土壤温度呈负相关关系（表5.1）。日本中部的落叶阔叶林也观测到了这种格局[96]。林冠上$c_c$接近背景浓度[96]，因而在季节尺度上主要受区域碳汇能力的强烈影响；而近地层$c_c$主要受生态系统呼吸作用尤其是土壤呼吸的影响。地表温度是土壤呼吸的控制因子，而近地层$c_c$与地表温度相关紧密。因此推测在年尺度上帽儿山温带落叶阔叶林土壤呼吸是影响近地层$c_c$的重要因素。谭正洪等[94]对西双版纳热带季节雨林的研究也发现土壤呼吸与近地层$c_c$相关性大于冠层上方。热带雨林雨季林内$c_c$小于旱季[88,108,109]，主要由于旱季的湍流交换更弱所致[88]。Buchmann等[95]观测到开阔森林和密林的夜间近地层$c_c$与土壤呼吸关系密切，但林冠上层两者关系不明显。

### 5.5.3　$CO_2$摩尔分数垂直梯度

森林冠层下部和内部$c_c$随高度增加而减小（1月冠层内部除外），并且夜间比白天更明显。这一规律与北方森林[89,95]、温带森林[90,102,258,261]和热带森林[88,94,97,108]的测定结果一致。在冠上，7月夜间仍然为负梯度，但白天出现正梯度（图5.3），而冠下始终保持负梯度。换言之，生长旺季的白天植被较高的碳吸收速率导致冠层位置的$c_c$最低，这也说明冠层光合作用的$CO_2$来源于地表和冠上大气[101]。这种现象在热带雨林[97,108]、亚热带毛竹林[105]、温带森林[96,101,102,106,107]中较常见，但北方森林中尚无报道。究其原因，可能与植被光合作用的强弱以及林冠层对湍流混合的阻碍作用有关[95]。生长季节$c_c$梯度的控制因子为辐射和温度，同时大气边界层也是重要的影响因子[259]。

在休眠季节，植被的碳代谢速率很低，但是仍然可以看出近地层$c_c$高于上层，且夜间梯度明显大于白天。这时$c_c$梯度主要由温度梯度反映的大气边界层发展控制（表5.2）[95]。此时土壤尽管处于冰冻状态，但依然向大气排放$CO_2$。在本地区冬季采用静态箱气象色谱法的直接观测说明冬季土壤呼吸维持在$80 mg\ CO_2\ m^{-2}\ h^{-1}$以下[262]，春季逐渐增大，5月则回升到$200\sim 400 mg\ CO_2\ m^{-2}\ h^{-1}$[263]，此时$c_c$梯度明显增强（图5.1）。这反映出季节尺度上的$c_c$梯度受控于土壤温度指示的土壤呼吸作用[94,95]。

复杂地形可能改变$c_c$垂直变化的一般格局。另外，夜间一般常常由于气流沿坡面的下行运动导致谷地的$CO_2$的堆积，产生谷地$c_c$高于坡地的现象[88,106,258]。例如西双版纳热带季节雨林林内$c_c$在傍晚有一个峰值，因此雨季后期傍晚时分出现最大垂直梯度的特殊现象[94]。Feigenwinter等[264]在瑞典北方针叶林里却发现冠层上方在夜间出现异常高的$c_c$；日本一狭窄山谷中的落叶林也发现了$c_c$梯度在有风夜晚比无风夜晚明显[258]；不同坡位或塔的$CO_2$浓度垂直梯度不同，因此单点的廓线测量难以准确估计$CO_2$的储存通量[109,112]。

### 5.5.4　$CO_2$摩尔分数时空变化的生态学意义

在森林植被和土壤碳代谢以及大气边界层的共同作用下，森林冠层$c_c$表现出明显的时空动态特征：在垂直方向上，从近地层开始到冠层$c_c$随高度增加而降低，这在稳定边界层下更为明显；生长旺季的白天植被冠层的光合作用改变了这种格局，冠层高度出现了$c_c$低谷。在日尺度上，$c_c$夜间高白天低，一般在午后出现最低值。这种垂直方向上和时间尺度上的变化格局是植被和土壤碳代谢的结果，同时林内$c_c$又强烈地影响着植被光合作用：首先，林下植被（更新的乔木幼苗、灌木和草本）生长在高$CO_2$浓度环境中，一定程度上补偿了光照不足的不利环境，从而促进了林下植被的光合作用[86,87]。其次，生长旺季冠层$c_c$由于强烈的光合作用而变得很低。$CO_2$作为光合作用的底物势必限制植被光合作用。以往研究将植被光合作用日变化归因于光合有效辐射、蒸汽压亏缺和温度[44,265]，而很少涉及$CO_2$在光合作用日变化中的负反馈作用。最后，生长旺季白天光合作用的$CO_2$来源于上层大气和林地，土壤呼吸释放的部分$CO_2$可以通过光合作用重新固定下来，以往研究估计再循环率为1%～40%[90]。

## 5.6　本章小结

温带落叶阔叶林的$c_c$表现出明显的日变化、季节动态和垂直梯度。在日尺度上，$c_c$在夜间或日出前出现最大值，日出后迅速降低，在午后达到最低值，日落时分又开始迅速升高。在季节尺度上，近地层$c_c$日均值与土壤温度的趋势相似；而林冠上$c_c$在5月和10月分别出现一次峰值，8月出现最低值。在垂直方向上，$c_c$随高度增加而降低，$c_c$日变化也逐渐减弱。在生长季夜间$c_c$垂直梯度最为明显。日尺度上$c_c$及其垂直梯度的变化主要受控于森林碳代谢和边界层行为，近地层$c_c$对土壤呼吸的依赖性更强，而林冠上$c_c$则受边界层的影响更大。年尺度上近地层$c_c$与以地表温度为指示的土壤呼吸变化格局相吻合，而冠上$c_c$则受森林生态系统光合作用和呼吸作用共同影响。

# 第 6 章

# 不同 $CO_2$ 浓度变量计算温带落叶阔叶林 $CO_2$ 储存通量的误差

## 6.1 不同 $CO_2$ 浓度变量计算储存通量的误差

基于不同浓度变量计算的 $F_s$ 是不一致的,其中:基于 $\rho_c$ 计算 $F_s$ 的误差最大,平均高估 $F_{s\_E}$ 达 8.5%;基于 $c_c$ 计算的 $F_s$ 平均高估 $F_{s\_E}$ 0.6%;而基于 $\chi_c$ 计算的 $F_s$ 的误差最小,平均高估 $F_{s\_E}$ 0.1%(图 6.1)。基于不同浓度变量计算 $F_s$ 相对误差的概率密度

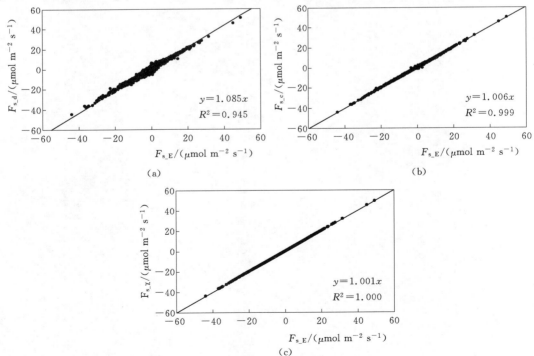

图 6.1 基于不同浓度变量计算 $CO_2$ 储存通量 ($F_s$) 的误差

($F_{s\_d}$、$F_{s\_c}$ 和 $F_{s\_\chi}$ 分别为基于密度、摩尔分数和混合比计算的 $CO_2$ 储存通量,$F_{s\_E}$ 为有效储存通量。)

分布明显不同（图 6.2）。$RE_d$、$RE_c$ 和 $RE_\chi$ 在 ±5% 以内的概率密度分别为 7.7%、56.9% 和 99.7%。此外，$RE_d$ 和 $RE_c$ 概率密度峰均偏右，即基于 $\rho_c$ 或 $c_c$ 计算时倾向于放大 $F_s$。

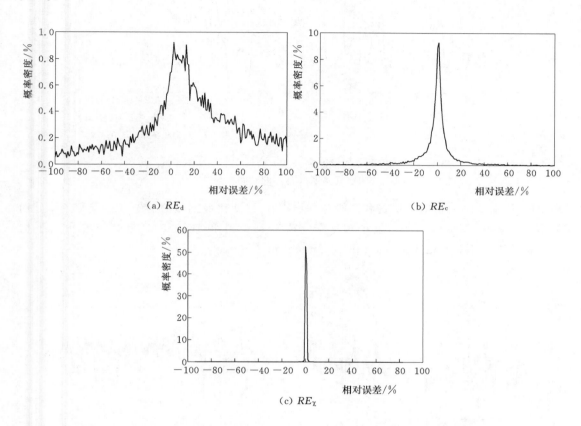

图 6.2　基于不同浓度变量计算 $CO_2$ 储存通量（$F_s$）的相对误差概率密度分布
（$RE_d$、$RE_c$ 和 $RE_\chi$ 分别为 $F_{s\_d}$、$F_{s\_c}$ 和 $F_{s\_\chi}$ 的相对误差。）

## 6.2　误差来源

### 6.2.1　干空气密度日变化

$\rho_d$ 与 $T_a$ 的日变化趋势大体相反（图 6.3）。夏季，日出后 $T_a$ 逐渐升高，干空气体积膨胀而 $\rho_d$ 逐渐减小；下午 $T_a$ 达到最高，2h 后（17：00 左右）$\rho_d$ 达到最低值；之后随 $T_a$ 迅速下降，干空气体积收缩而 $\rho_d$ 逐渐变大，日出前 $T_a$ 最低时（4：00 左右）达到最大值。冬季，$\rho_d$ 日变化基本与 $T_a$ 日变化同步。夏季和冬季的 $\rho_d$ 平均日变幅接近，分别为 1.6 mol m$^{-3}$ 和 1.7 mol m$^{-3}$。

### 6.2.2　干空气储存通量

干空气储存通量（$F_d$）日变化格局明显（图 6.4）：上午 $T_a$ 升高时，$F_d$ 为负值，下午

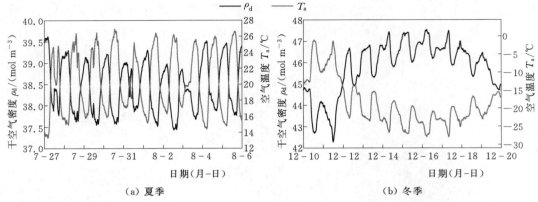

(a) 夏季　　　　　　　　　　　　　　(b) 冬季

图 6.3　2009 年夏季和冬季 28.0m 高处干空气摩尔密度（$\rho_d$）和空气温度（$T_a$）的时间变化

和夜间 $T_a$ 降低时为正值，低谷和高峰分别出现在 $T_a$ 变化最剧烈的上午（夏季和冬季分别为 7：00 和 9：30）和下午（夏季和冬季分别为 18：00 和 16：30）。夏季和冬季 $F_d$ 平均日变幅分别为 10.3mmol m$^{-2}$ s$^{-1}$ 和 12.5mmol m$^{-2}$ s$^{-1}$。

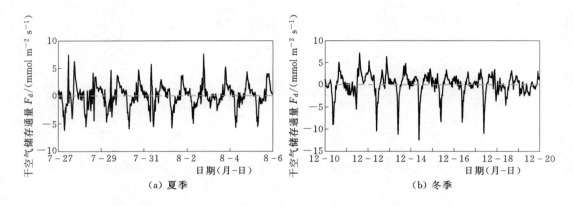

(a) 夏季　　　　　　　　　　　　　　(b) 冬季

图 6.4　2009 年夏季和冬季干空气储存通量（$F_d$）的时间变化

## 6.2.3　干空气储存通量调整项

$F_{sd}$ 与 $F_d$ 的日变化趋势相反。夏季，$F_{sd}$ 变化范围为 $-1.82 \sim 2.04 \mu$mol m$^{-2}$ s$^{-1}$，冬季变化范围略大（$-1.59 \sim 3.18 \mu$mol m$^{-2}$ s$^{-1}$）。夏季正午前后 $F_c$ 较大时，$F_{sd}$ 只有 $F_c$ 的 $\pm 5\%$ 左右，而在夜间以及昼夜转换期，$F_{sd}$ 相对于 $F_c$ 而言较大，尤其是在昼夜转换期经常会出现 $F_{sd}$ 大于 $F_c$ 的情况。冬季，$F_{sd}$ 相对于 $F_c$ 全天都比较大，甚至在夜间及昼夜转换期超过 $F_c$ 占据 NEE 的主导地位（图 6.5）。

$F_{sd}$ 各组分差异很大，夏季大小顺序为：$F_{sT} > F_{sV} > F_{sP}$，冬季为：$F_{sT} > F_{sP} > F_{sV}$（图 6.6）。无论是夏季或冬季，$F_{sT}$ 均比 $F_{sP}$ 大 1 个数量级。$F_{sV}$ 因季节而异：夏季 $F_{sV}$ 略小于 $F_{sT}$，冬季 $F_{sV}$ 略小于 $F_{sP}$，比 $F_{sT}$ 小 1 个数量级。

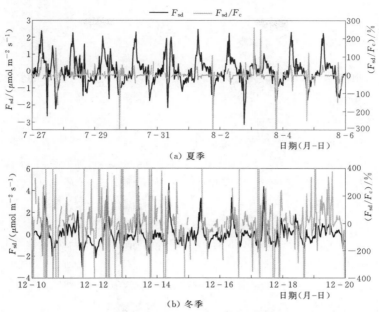

图 6.5　2009 年夏季和冬季干空气储存通量调整项（$F_{sd}$）的
时间变化序列及相对于涡动通量（$F_c$）的大小

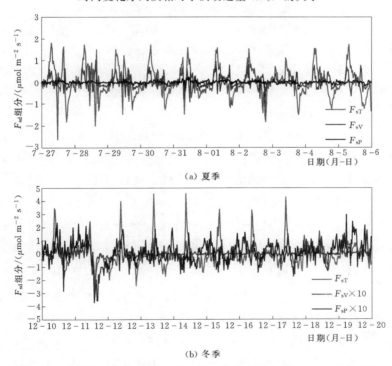

图 6.6　2009 年夏季和冬季干空气储存通量调整项（$F_{sd}$）组分的时间动态
（$F_{sT}$—$T$ 变化引起的误差项；$F_{sV}$—$\chi_v$ 变化引起的误差项；$F_{sP}$—$P$ 变化引起的误差项。
为了清楚地展示日变化，将冬季 $F_{sV}$ 和 $F_{sP}$ 放大 10 倍。）

（见文后彩图）

## 6.3 讨论

通量观测控制体积内部 $F_d$ 日变化明显（图6.4），这是由大气水热过程的作用下 $\rho_d$ 的波动引起的（图6.3）：$T_a$ 升高（或降低）以及 $p_a$ 降低（或升高）引起干空气体积的热力和机械膨胀（或压缩）[119]，使一部分干空气分子离开（或进入）控制体积[27]；如果 $p_a$ 不变，$\chi_v$ 增大（或减小），$V$ 稀释（或浓缩）干空气组分[119]。夏季和冬季的 $F_d$ 平均日变幅分别为 10.3 mmol m$^{-2}$ s$^{-1}$ 和 12.5 mmol m$^{-2}$ s$^{-1}$，与 Gu 等[27]的研究结果基本一致。

$CO_2$ 分子作为干空气组分随 $F_d$ 的变化进出控制体积，这部分由大气水热过程引起的 $CO_2$ 通量（$F_{sd}$）不是 NEE 的真正组分[27,117,120]。夏季湍流活动较强的正午前后，$F_{sd}$ 不明显，但其他时刻相对于 $F_c$ 而言较大；冬季夜间及昼夜转换期 $F_{sd}$ 常常大于或等于 $F_c$（图6.5）。这与 Gu 等[27]的研究结果基本一致。表明计算 $F_s$ 时忽略由大气水热过程引起的 $F_{sd}$ 将为 NEE 的精确评价带来误差[27,123]。

$F_{sd}$ 各组分在夏季大小顺序为：$F_{sT}>F_{sV}>F_{sP}$；冬季为：$F_{sT}>F_{sP}>F_{sV}$（图6.6）。Finnigan[119]认为，在理论上，$F_{sT}>F_{sP}$，与本书夏季结果一致。但在寒冷干燥的冬季，$\chi_v$ 数量级和日变化均很小的情况下，$F_{sV}$ 大大减弱，甚至小于 $F_{sP}$（图6.6）。总之，$T_a$ 变化是影响 $F_{sd}$ 大小的主要因子，$V$ 和 $p_a$ 变化的影响相对较小。

基于不同浓度变量计算 $F_s$ 的误差不同（图6.1和图6.2）。这是因为不同浓度变量对大气水热过程的守恒性不同（表6.1）。$\rho_c$ 对大气水热过程均不守恒，$T_a$ 和 $p_a$ 变化引起的空气体积膨胀（或压缩）以及 $V$ 变化对干空气组分的稀释（或浓缩）作用均能引起 $\rho_c$ 的波动[117,119]。基于 $\rho_c$ 计算 $F_s$ 时，忽略了大气水热过程引起的 $F_{sd}$。$c_c$ 虽然对空气体积的热力和机械膨胀（或压缩）过程守恒，但 $V$ 变化对干空气组分的稀释（浓缩）作用仍会引起 $c_c$ 的波动[119]。基于 $c_c$ 计算 $F_s$ 时，忽略了 $V$ 变化引起的 $F_{sV}$。而 $\chi_c$ 对大气水热过程均守恒，只有存在 $CO_2$ 生物学源/汇的情况下才发生改变[119]。基于 $\chi_c$ 计算 $F_s$ 的误差主要来源于 $\rho_d$ 和 $CO_2$ 廓线配置状况，而合理的廓线配置可减小这种误差[27,120]。因此，基于 $\rho_c$ 计算 $F_s$ 的误差＞基于 $c_c$ 计算 $F_s$ 的误差＞基于 $\chi_c$ 计算 $F_s$ 的误差（图6.1和图6.2）。

选择对大气水热过程守恒的 $\chi_c$ 计算 $F_s$，可有效地减少大气水热过程引起的误差（图6.6）[27,119,120]，这一点与 $F_c$ 是一致的[121]。为精确评价 NEE，我们建议：如果 $CO_2$ 浓度廓线系统的 IRGA 输出的浓度变量是 $\chi_c$，可直接用于计算 $F_s$；如果 IRGA 输出的浓度变量是 $\rho_c$（或 $c_c$），且能同步测量或计算得到 $T_a$、$\chi_v$ 和 $p_a$，应该考虑水热变化引起的 $F_{sd}$（或 $F_{sV}$），或者先将其点对点转换为 $\chi_c$ 再计算 $F_s$；如果 IRGA 输出的浓度变量是 $c_c$，且不能同步观测或计算得到 $\chi_v$（如为 LI-820 型 IRGA 且没有常规空气湿度梯度观测时），则直接利用 $c_c$ 计算 $F_s$。简便起见，有些研究直接利用 $c_c$ 计算 $F_s$[103,112]也可以接受。然而，将 $c_c$ 点对点转换为 $\rho_c$ 后再计算 $F_s$ 的做法可能会增大误差，但仍然有一些研究采用 $\rho_c$ 计算 $F_s$[105]，已经不再推荐使用。

有研究表明，即便是在地形起伏较小的地区，夜间大气层结具有很强的稳定性时近地层常出现平流/泄流现象[37,136]。在平流/泄流的作用下,夜间生态系统呼吸作用释放的 $CO_2$ 还未达到观测高度便被运送出生态系统[266],输送出去的 $CO_2$ 在 $F_s$ 的变化上并没有体现出来。忽略平流/泄流对 $F_s$ 的影响,将低估夜间生态系统的呼吸作用,从而为 NEE 的精确评价带来误差[3]。但由于单塔的仪器配置限制,本书尚不能估算平流/泄流对 $F_s$ 的影响。

## 6.4 本章小结

本章利用帽儿山温带落叶阔叶林通量塔 8 层 $CO_2/H_2O$ 浓度廓线的测定数据,比较分析了基于不同浓度变量($\rho_c$、$c_c$ 和 $\chi_c$)计算 $F_s$ 的误差。结果表明:通量观测的控制体积内部干空气储存量不为常数,其波动引起 $CO_2$ 分子进出控制体积,即干空气储存通量调整项($F_{sd}$)。在夜间以及昼夜转换期,$F_{sd}$ 相对于 $F_c$ 而言较大,忽略 $F_{sd}$ 将为森林与大气之间净 $CO_2$ 交换量的计算带来误差。大气水热过程对 $F_s$ 计算引起的误差包括三方面:① $T_a$ 变化引起的误差最大,比 $p_a$ 的影响大 1 个数量级;②水汽的影响在温暖湿润的夏季大于 $p_a$ 的影响,但在寒冷干燥的冬季则相反;③ $p_a$ 的效应在全年均较低。基于 $\rho_c$、$c_c$ 和 $\chi_c$ 计算 $F_s$ 分别平均高估有效储存通量($F_{s\_E}$)8.5%、0.6% 和 0.1%。在通量计算过程中,建议选择对大气水热过程守恒的 $\chi_c$ 计算 $F_s$。

# 第 7 章

# 垂直配置与采样方式引起的 $CO_2$ 储存通量不确定性

## 7.1 $CO_2$ 干摩尔分数和储存通量的垂直分布

不同高度的 $CO_2$ 干摩尔分数 ($\chi_c$) 存在差异,总体上林冠下高于林冠层和林冠上,且生长季尤为明显(图 7.1)。夜间 $\chi_c$ 很高,近地层平均可高于 $460\,\mu\mathrm{mol\ mol^{-1}}$,林冠下垂直

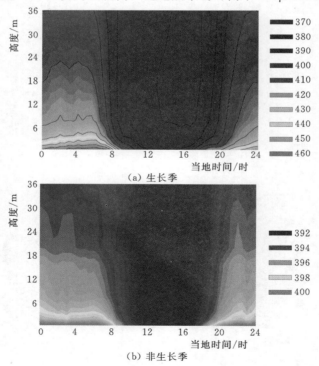

图 7.1 生长季和非生长季 $CO_2$ 相对于干空气的摩尔混合比 ($\mu\mathrm{mol\ mol^{-1}}$) 的季节平均日变化

(参见文后彩图)

梯度很大。清晨 $\chi_c$ 迅速降低，林冠下降低更迅速，白天各高度变化均较小，傍晚开始迅速增大，林下层增速大于林冠层和林冠上。与生长季相比，非生长季浓度梯度和变化速率均大大减小，但格局一致。

不同高度的 $\chi_c$ 变化速率（$\Delta\chi_c/\Delta t$）存在差异 [图 7.2（a）]。在昼夜转换期（日落前，17:00—19:30；日出后，4:30—10:00）和夜间（20:00—4:00），$\Delta\chi_c/\Delta t$ 随高度的增加而减小。日落前至次日日出之前，$\Delta\chi_c/\Delta t$ 为正值；日出后至 10:00 之前，$\Delta\chi_c/\Delta t$ 为负值。10:30—16:30，$\Delta\chi_c/\Delta t$ 在零值附近，但生长季 2m 以下为正值，其他高度为负值。$\Delta\chi_c/\Delta t$ 的标准差（SD）随高度的增加逐渐减小 [图 7.2（b）]。综合来看，8m 是 $\Delta\chi_c/\Delta t$ 及其 SD 的急剧转折点，因此本书据此将 EC 下方的控制体积分为林冠下（0~8m）、林冠层（8~20m）和林冠上（20~36m）3 个垂直区域，定量评价各区域的对控制体积内 $F_s$ 的贡献。因此，将 EC 系统下方的控制体积分为三个垂直区域：林冠下（0~8m）、林冠层（8~20m）和林冠上（20~36m），各区域的体积比例分别约为 22%、33% 和 44%。

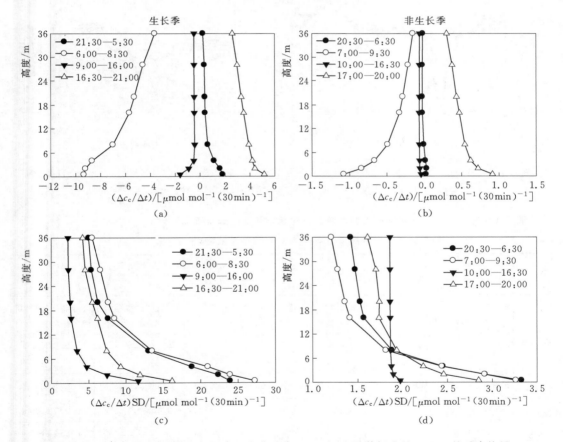

图 7.2 不同时间 $CO_2$ 干摩尔混合比变化速率（$\Delta\chi_c/\Delta t$）及其标准差（SD）的垂直格局

不同区域单位高度的 $F_s$ 存在一定差异（图 7.3）。林冠下单位高度的 $F_s$ 绝对值在清晨和傍晚明显大于林冠层和林冠上。无论在生长季还是非生长季，林冠下单位高度的 $F_s$ 大于林冠层和林冠上,特别是傍晚和夜间。清晨转换期(6:30—8:30),林冠下 $F_s$ 峰值出现时间略滞后于林冠层和林冠上[图7.3(a)]。傍晚转换期(16:30—21:00),林冠下峰值出现时间早于林冠层和林冠上。各层的体积百分比(从下向上分别为22%、33%和44%)也影响各层对总 $F_s$ 的贡献。比如,生长季夜间,从冠下到冠上,各层单位高度的 $F_s$ 分别为 $26.75\times10^{-3}\mu mol\ m^{-3}\ s^{-1}$、$10.08\times10^{-3}\mu mol\ m^{-3}\ s^{-1}$ 和 $6.81\times10^{-3}$ $\mu mol\ m^{-3}\ s^{-1}$,下层和林冠层分别为上层的3.93和1.48倍;而各层贡献依次为48.3%、27.3%和24.4%(表7.1),下层和林冠层分别为上层的1.98和1.12倍。尽管非生长季 $F_s$ 大幅降低,但其日变化和单位高度的相对大小与生长季的基本一致[图7.3(b)]。请注意非生长季的数据在典型测量误差之内,因此各层贡献变异非常大。这些结果表明底层贡献较大。

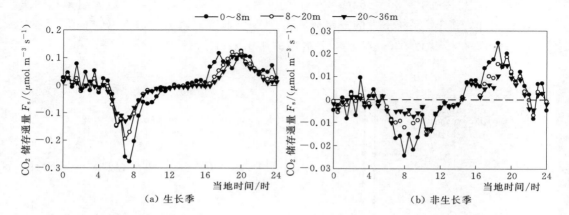

图 7.3 生长季和非生长季涡动协方差系统下方不同区域单位高度的 $CO_2$ 储存通量($F_s$)日变化

(0~8m:林冠下;8~20m:林冠层;20~36m:林冠上。)

表 7.1 涡动协方差系统下方生长季和非生长季不同时段各高度区域平均 $CO_2$ 储存通量比较

| 季 节 | 时 段 | $F_s/(\mu mol\ m^{-2}\ s^{-1})$ | | | |
| --- | --- | --- | --- | --- | --- |
| | | 0~8m | 8~20m | 20~36m | 0~36m |
| 生长季 | 夜间(21:30—5:30) | 0.214(48.3%) | 0.121(27.3%) | 0.109(24.4%) | 0.444(100%) |
| | 清晨转换期(6:00—8:30) | -1.511(32.2%) | -1.593(34.0%) | -1.584(33.8%) | -4.688(100%) |
| | 白天(9:00—16:00) | -0.128(31.5%) | -0.115(28.3%) | -0.164(41.2%) | -0.407(100%) |
| | 傍晚转换期(16:30—21:00) | 0.737(27.8%) | 0.920(34.6%) | 1.000(37.6%) | 2.657(100%) |
| 非生长季 | 夜间(20:30—6:30) | 0.006(-108.7%) | -0.003(61.5%) | -0.008(147.2%) | -0.005(100%) |
| | 清晨转换期(7:00—9:30) | -0.148(41.9%) | -0.116(32.8%) | -0.089(25.3%) | -0.353(100%) |
| | 白天(10:00—16:30) | -0.014(21.3%) | -0.023(34.5%) | -0.029(44.2%) | -0.066(100%) |
| | 夜间转换期(17:00—20:00) | 0.134(30.8%) | 0.149(34.4%) | 0.151(34.8%) | 0.435(100%) |

注 各垂直区域的贡献在括号中给出。

## 7.2 廊线系统垂直配置对 $CO_2$ 储存通量估测的影响

本书采用 SMA 法评估了不同配置方案与 8 层廊线计算的 $F_s$ 的有效性和系统偏差。廊线系统最优配置方案计算 $F_s$ 的有效性（$R^2$）随采样层数增多而升高，而系统偏差（斜率与 1 的差异）逐渐降低 [图 7.4（a）]。当 $N<2$ 时，计算 $F_s$ 的有效性很低，这表明采样层数过少的廊线系统，无论何种配置都不能很好地测量 $F_s$。当 $N \geqslant 4$ 且垂直配置合理时，基本可以满足 $F_s$ 的测量精度要求（$R^2>0.95$）。但若配置不合理，$N=5$ 时的最差配置的偏差仍然在 10% 以上 [图 7.4（b），附录 D]。

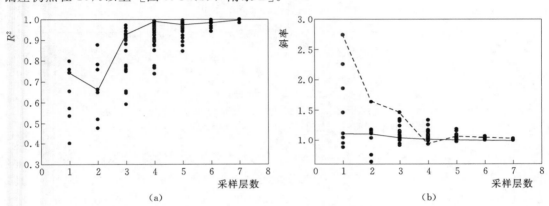

图 7.4　不同廊线系统配置方案计算的 $CO_2$ 储存通量与基于 8 层廊线系统计算的
$CO_2$ 储存通量标准主轴回归的决定系数（$R^2$）和斜率
[（a）中实线表示偏差最小（斜率最接近于 1）组合，（b）中实线和虚线分别表示 $R^2$ 最高和最低组合。]

对于给定的层数，最有效的组合（$R^2$ 最高）偏差很低，但偏差最小的组合并不一定最有效（图 7.4，附录 D）。因此，偏差比有效性更重要，因为我们更注重无偏估计。

廊线顶层间歇性采样（$F_{s\_p36m}$）和 EC 系统连续性采样（$F_{s\_EC}$）的 $CO_2$ 储存通量年平均日变化格局基本一致（图 7.5）。$F_s$ 清晨达到负极值，傍晚达到正最大值，深夜迅速降低。

下面量化塔顶法与廊线法估算 $F_s$ 的差异。首先，间歇性采样与连续性采样策略得到的 $F_s$ 总体上一致，因为 SMA 的斜率与 1、截距与 0 均差异不显著（$P<0.001$）（图 7.6）。尽管基于 EC 系统的 $F_s$（$F_{s\_EC}$）和 8 层廊线系统的 $F_s$（$F_{s\_p}$）的年平均日变化格局一致，但 $F_{s\_EC}$ 系统低估了 $F_s$，尤其是在清晨和傍晚昼夜转换期（图 7.5）。SMA 检验表明，斜率（0.654）显著小于 1

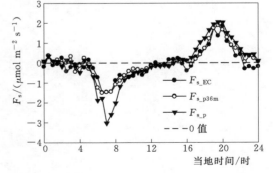

图 7.5　基于 8 层廊线系统（$F_{s\_p}$）、廊线顶层
（$F_{s\_p36m}$）和 EC 系统（$F_{s\_EC}$）的 $CO_2$
储存通量年平均日变化

($P<0.001$),但截距与 0 差异不显著($P>0.05$)(图 7.6)。这表明以 $F_{s\_p}$ 为参考,$F_{s\_EC}$ 的大小低估 34.5%。

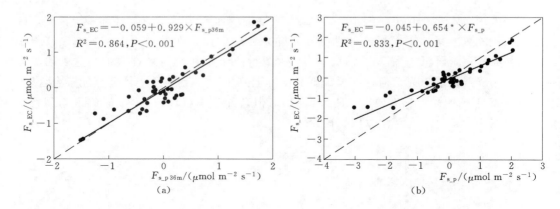

图 7.6 基于 8 层廊线系统、廊线顶层和 EC 系统的 $CO_2$ 储存通量的标准主轴回归检验

[$F_{s\_p}$、$F_{s\_p36m}$ 和 $F_{s\_EC}$ 分别表示廊线系统、廊线顶层和 EC 系统计算的 $CO_2$ 储存通量。图中数据采用每日相同时刻 30min 数据的年平均值($n=48$)。]

为了评估两种储存通量计算方法对 NEE 的影响,本书比较了塔顶 NEE($F_c+F_{s\_EC}$)和廊线 NEE($F_c+F_{s\_p}$)(表 7.2)。大部分时段(生长季夜间和非生长季白天除外)的斜率与 1 差异不超过 5%,但生长季白天(0.560μmol m$^{-2}$ s$^{-1}$)和夜间(−0.864μmol m$^{-2}$ s$^{-1}$)的截距与 0 均差异极显著($P<0.001$)。这表明利用 EC 系统单点 $CO_2$ 干摩尔分数计算 $F_s$,在生长季白天低估 $CO_2$ 吸收,而夜间低估 $CO_2$ 释放,非生长季夜间低估 $CO_2$ 释放。总之,利用 EC 单点法代替廊线法计算 $F_s$ 会低估 NEE 的大小。

表 7.2 两种净生态系统 $CO_2$ 交换估计的标准主轴直线拟合参数

| 时 段 | $n$ | $R^2$ | 斜率 | 斜率 95% 置信区间 | 截距 | 截距 95% 置信区间 |
| --- | --- | --- | --- | --- | --- | --- |
| 全部 | 1263 | 0.750 | 1.009* | [1.000, 1.018] | 0.020 | [−0.049, 0.088] |
| 生长季白天 | 3170 | 0.789 | 1.027** | [1.010, 1.043] | 0.560** | [0.357, 0.763] |
| 生长季夜间 | 1598 | 0.578 | 1.030 | [0.998, 1.063] | −0.864** | [−1.228, −0.502] |
| 非生长季白天 | 3798 | 0.748 | 1.009 | [0.993, 1.025] | 0.040 | [−0.021, 0.102] |
| 非生长季夜间 | 4066 | 0.657 | 1.047** | [1.029, 1.066] | −0.013 | [−0.072, −0.046] |

注 净生态系统 $CO_2$ 交换分别由 $F_c+F_{s\_p}$ 和 $F_c+F_{s\_EC}$ 计算,其中 $F_c$ 为湍流通量,$F_{s\_p}$ 和 $F_{s\_EC}$ 分别为基于廊线法和基于 EC 系统的储存通量。模型形式为 $F_c+F_{s\_EC}=a+b(F_c+F_{s\_p})$。* 和 ** 表示斜率与 1 或截距与 0 差异显著($P<0.05$)和极显著($P<0.001$)。所有直线拟合均极显著($P<0.001$)。

## 7.3 单一廊线测量 $CO_2$ 储存通量的不确定性

与期望的一样,$F_s$ 不确定性(用 SD 表达)夜间大于白天(图 7.7)。出乎意料的是,

$F_s$ 不确定性的峰值出现在后半夜,而不是边界层昼夜转换期 $F_s$ 大小出现峰值的时间。在生长季,昼夜转换期 $F_s$ 的不确定性(28min 窗口~0.4$\mu$mol m$^{-2}$ s$^{-1}$)与 30min 的 $F_{s\_p}$(±4$\mu$mol m$^{-2}$ s$^{-1}$)相比较小(10%)。生长季,相对不确定性(SD 与 $F_s$ 大小的比值)在昼夜转换期约 10%,8:00—16:00 约为 50%,夜间平均约为 100%。此外,不确定性随 $CO_2$ 平均的时间窗口延长而逐渐降低(图 7.8)。生长季,2min 时间窗口的 $F_s$ 白天不确定性(2.47$\mu$mol m$^{-2}$ s$^{-1}$)和夜间不确定性(4.44$\mu$mol m$^{-2}$ s$^{-1}$)是 28min 时间窗口对应时间不确定性的 12.4 倍和 12.7 倍。短时间窗口 $F_s$ 如此大的不确定性可能导致其在计算 NEE 中难以接受。

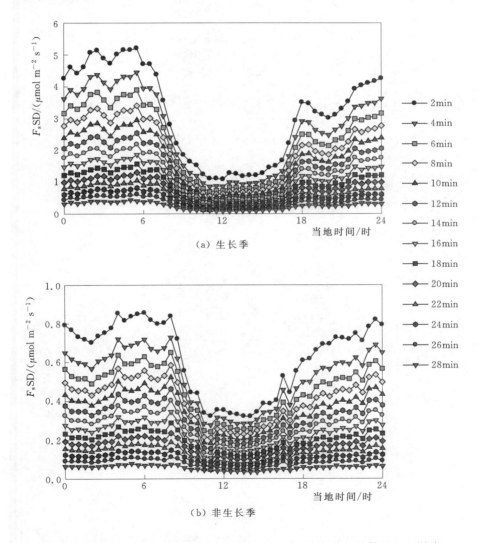

图 7.7 基于不同平均时间窗口的 8 层廊线 $CO_2$ 干摩尔分数计算的 $CO_2$ 储存通量标准差($F_s$SD)的日变化

(参见文后彩图)

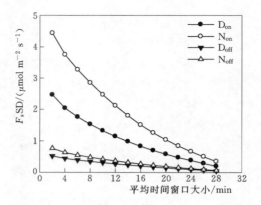

图 7.8　不同时段 8 层廓线储存通量标准差（$F_s$SD）随 $CO_2$ 混合比

（平均时间窗口大小的变化 D 和 N 分别代表白天和夜间，
下标 on 和 off 分别代表生长季和非生长季。）

## 7.4　$CO_2$ 混合比时间平均对 $CO_2$ 储存通量的影响

随着平均时间窗口逐渐增大（2～28min），SMA 拟合直线的 $R^2$ 和斜率向 1 收敛 [图 7.9 (a) 和图 7.9 (b)]，截距也逐渐向 0 收敛 [图 7.9 (c)]。由于截距范围（−0.454～

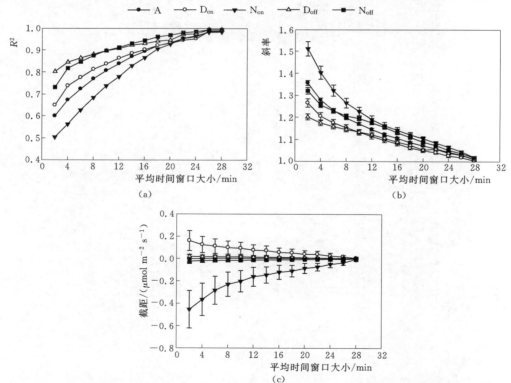

图 7.9　平均时间窗口大小对不同时间窗口平均 $CO_2$ 干摩尔分数计算的储存通量与 30min
平均 $CO_2$ 干摩尔分数计算的储存通量标准主轴回归直线的决定系数、斜率和截距的影响

（A、D 和 N 分别代表全部时段、白天和夜间，下标 on 和 off 代表生长季和非生长季。）

## 7.4 $CO_2$ 混合比时间平均对 $CO_2$ 储存通量的影响

$0.162\mu mol\ m^{-2}\ s^{-1}$）与 $F_s$ 平均范围（大约 $-3\sim2\mu mol\ m^{-2}\ s^{-1}$，图 7.5）相比非常小，斜率是不同窗口大小计算的 $F_s$ 偏差大小的决定性参数，即平均时间越长，$F_s$ 绝对值低估越明显。2min 时间窗口计算的 $F_s$，不分时段时几乎是 30min 时间窗口的 1.4 倍，生长季夜间则高达 1.5 倍，而非生长季白天最小（1.2 倍）[图 7.9（b）]。不同时间段同一窗口相比，斜率与 1 的偏差从大到小依次为生长季夜间＞非生长季夜间＞生长季白天＞非生长白天 [图 7.9（b）]。这些发现表明用 30min 平均 $\chi_c$ 计算 $F_s$ 会导致明显的负偏差（低估绝对值）。

$CO_2$ 干摩尔分数时间平均计算 $F_s$ 给 NEE 带来的误差见图 7.10 和表 7.3。生长季白天 $CO_2$ 吸收速率显著低估，而夜间呼吸也显著低估（图 7.10）。生长季，黎明和傍晚的 NEE 影响最大，黎明低估碳吸收最大可达 $5.4\mu mol\ m^{-2}\ s^{-1}$（6：30），傍晚低估 $CO_2$ 释放约 $3.9\mu mol\ m^{-2}\ s^{-1}$（19：30）；后半夜与午后的绝对影响较小。非生长季，NEE 在零上下波动，30min $\chi_c$ 时间窗口计算 $F_s$ 低估了凌晨和傍晚 $CO_2$ 释放，方向上与生长季一致。夜间 SMA 回归表明，30min $\chi_c$ 时间窗口计算的 NEE 大小总体上低估 5% 以上（表 7.3）。

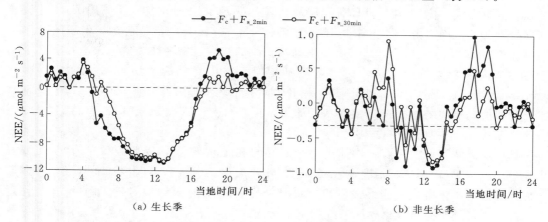

图 7.10　$CO_2$ 储存通量估算方法对净生态系统 $CO_2$ 交换（NEE）平均日变化的影响

[NEE 估算方法：基于塔顶储存通量的 NEE（$F_c+F_{s\_2min}$）和基于廊线储存通量的 NEE（$F_c+F_{s\_30min}$）。]

表 7.3　基于 2min 和 30min 平均 $CO_2$ 摩尔混合比计算的净生态系统交换（NEE，$\mu mol\ m^{-2}\ s^{-1}$）之间的主轴（MA）直线拟合结果

| 时 段 | N | $R^2$ | 斜率 | 斜率 95% 置信区间 | 截距 | 截距 95% 置信区间 |
| --- | --- | --- | --- | --- | --- | --- |
| 全年 | 18970 | 0.855 | 1.071 | [1.065, 1.077] | 0.121 | [0.079, 0.161] |
| 生长季白天 | 4875 | 0.854 | 1.057 | [1.046, 1.068] | -0.209 | [-0.339, -0.079] |
| 生长季夜间 | 2763 | 0.815 | 1.051 | [1.034, 1.068] | 1.058 | [0.895, 1.221] |
| 非生长季白天 | 5228 | 0.798 | 1.057 | [1.045, 1.070] | -0.103 | [-0.132, -0.074] |
| 非生长季夜间 | 6104 | 0.700 | 1.140 | [1.125, 1.156] | 0.094 | [0.065, 0.123] |

注　NEE 为湍流通量（$F_c$）和储存通量（$F_{s\_p}$）之和。模型形式为 $F_c+F_{s\_p2min}=a+b(F_c+F_{s\_p30min})$。所有回归直线均极显著（$P<0.001$），所有斜率与截距均与 1 或 0 存在极显著（$P<0.001$）差异。

## 7.5 讨论

### 7.5.1 $CO_2$ 摩尔混合比和储存通量的垂直分布

本书 $\chi_c$ 的变化规律与北方森林[129]、温带森林[111,123,261]和热带雨林[97,243,267]一致,因此具有普遍代表性。

地形和冠层垂直结构对 $F_s$ 垂直分布的影响孰大孰小?帽儿山站的 $F_s$ 垂直分布与 Moflux 站的一致,但与 SOA 站点的不同[129]。对比 Moflux 站点、SOA 站点和帽儿山站的地形和植被特征,我们推测林冠层的垂直结构可能对 $F_s$ 的垂直分布影响比地形大。尽管 Moflux 站点处于山脊,而帽儿山站处于山谷中的下坡位,但两者同样具有复杂的垂直结构,林下植被发育良好,$F_s$ 垂直分布基本一致,均为大部分时间林下层对 $F_s$ 的贡献率超过该层厚度所占比例;而 SOA 站点地形平坦且冠层垂直结构简单的颤杨林则仅在傍晚前后林下层贡献明显高于其他层次,空旷的林下层(15m 以下分枝很少)有利于夜间后期在林冠下形成平流/泄流,从而林冠层及其以上对 $F_s$ 的贡献增加。本书的 $F_s$ 大小完全在温带森林的范围之内[27,62]。帽儿山站 $F_s$ 垂直分布与 Moflux 站[111]一致,但不同于 SOA 站(深夜后 85% 的 $F_s$ 增加是由 9m 以上高度贡献的)[129]。笔者认为这一差异可能主要由于冠层结构复杂性差异造成,而很可能不是因为与山脊的距离所致的 $F_a$ 的结果[62]。Moflux 站的通量塔位于山脊处[111],而帽儿山站通量塔位于山谷内侧山坡的下坡位,两站唯一相似的是冠层结构复杂(发育良好的下木层)。而 SOA 站冠层开阔(LAI 约 4.1m² m⁻²,其中 2m 高的灌木层占 40%,枝下高 9~15m),地形平坦[129]。深夜,风的加速减弱了林下逆温从而一定程度上增加了整个冠层的湍流混合[255],因此导致 $F_s$ 增加主要发生在冠层上部[129]。但这种情况在浓密的冠层很难发生,因为其辐射冷却通常发生在冠层顶部而林冠下层结则处于中性或不稳定状况[142]。因此,林冠结构对 $F_s$ 垂直分布的作用很可能比地形更重要。优化廓线系统的垂直分布来测量 $F_s$,我们需要考虑冠层结构、热力层结以及地形[111,131]。

### 7.5.2 廓线系统配置方案对 $CO_2$ 储存通量估测的影响

全球森林的廓线设计差异很大,绝大多数 4~12 层,从地表到 70m(附录 A)。本书发现当 $N \geqslant 4$ 且垂直配置合理即可满足测量精度要求。Yang 等[111]在 Moflux 站的研究结果与此类似,采样层数等于或少于 4 层时均不能准确测量 $F_s$。而在 SOA 站,3 层采样设计,如果配置合理便能准确测量 $F_s$[129]。由此可见,冠层垂直结构越复杂,廓线系统精确计算 $F_s$ 所需采样层数越多。

对于层数的确定,本书强调应该采用 SMA 或 MA 法,而 OLS 更适用于预测目的而非比较两种方法估计值的差异。以往研究的标准[111,129,227]可能错误的估计了各组合的偏差大小,尽管总体趋势并不会改变。有效性最高且偏差最小的组合需要适当在林冠下加密。对冠层浓密的森林来说,冠下至少 2 层而冠上 2 层是较优选择(附录 D),与 Moflux 站[111]一致。优化廓线系统需要找到 $\Delta\chi_c/\Delta t$ 和厚度的平衡点[111]。

$F_s$ 日变化格局与以往观测[62]不尽相同。这些结果支持 $u_*$ 过滤法的替代方法——夜间最大呼吸法[114,268]过滤夜间数据。

Papale 等[110]的研究表明，单点法对森林站的 NEE 的误差达 $25\text{g C m}^{-2}\text{ a}^{-1}$，对呼吸作用和总光合作用的误差最多可达 $100\text{g C m}^{-2}\text{ a}^{-1}$ 量级。因此，至少在森林站点应该谨慎用单点法代替廓线法。如果历史数据缺乏廓线系统测量，一种方法是尝试建立"储存校正因子"(Storage correction factor)，比如建立 $F_{s\_p}$ 与 $F_{s\_EC}$ 以及气象因子的回归关系[110]，考虑平均日变化的模拟[269]，或者建立简单线性模型 [图 7.6（b）]。此类方法带来的不确定性与系统偏差相比就变得相对不重要了。

### 7.5.3 $CO_2$ 储存通量的不确定性

以往文献很少评估 $F_s$ 的不确定性。Heinesch[133]利用 1m 高处的单点连续测量，估计 Vielsalm 站 30min 通量平均周期内 8 轮测量的不确定性的上限为 $0.42\mu\text{mol m}^{-2}\text{ s}^{-1}$（$F_s$ 的 10%）。他们估计的绝对不确定性上限接近或高于本书（图 7.8）。而 van Gorsel 等[134]利用小波分析估计的开敞冠层的不确定性可达 $0.9\mu\text{mol m}^{-2}\text{ s}^{-1}$（300%）。这些差异的可能原因包括：①森林冠层结构不同导致 $\chi_c$ 波动周期不同。开敞冠层的重力波导致 $CO_2$ 浓度巨大波动，其周期约为 3min[134]；而 Vielsalm 站和帽儿山站冠层密闭复杂。小波分析表明 $CO_2$ 浓度通常以 1～2min 周期波动（王兴昌和王晓春，未发表数据）。②$CO_2$ 廓线采样设计不同。van Gorsel 等[134]和本研究利用廓线数据但采样设计不同（附录 A），而 Heinesch 等[133]采用 1m 高处的高频数据而且假设不同高度不确定性相同。③不确定性的度量不一致。Heinesch 等[133]和本书采用实测数据的 SD 度量不确定性，而 van Gorsel 等[134]采用小波分析量化其理论不确定性。不管怎样，随时间的波动引起的不确定性与空间变异引起的不确定性不容忽视[109,270]。

### 7.5.4 $CO_2$ 混合比时间平均对 $CO_2$ 储存通量的影响

时间平均会造成 $F_s$ 低估，传统的 30min 平均 $\chi_c$ 计算 $F_s$ 会导致明显的负偏差（图 7.5），与 Finnigan[91]、Yang 等[111]和 Bjorkegren 等[227]一致。与此形成鲜明对比的是，Ohkubo 等[97]报道 $\chi_c$ 平均时间长度对 $F_s$ 没有影响。本书在数学上推导两种方法（一是基于 30min 平均 $\chi_c$ 计算 $F_s$，二是基于 2min 平均 $\chi_c$ 计算 $F_s$ 再取平均值）得到了完全一致的结果（附录 C）。因此，采用单一廓线长时间平均 $CO_2$ 浓度代替空间平均 $CO_2$ 浓度计算 $F_s$，会导致显著的选择性系统误差。

理论上 $F_s$ 应由瞬时 $CO_2$ 浓度变化速率（$\Delta\chi_c/\Delta t$）在控制体积内积分得到[91]。而 $\Delta\chi_c/\Delta t$ 具有非线性特征，即"U"或"V"形日变化格局[222]。执行时间平均去掉了部分高频变化（包括噪声和真实变化），将导致低估 $\Delta\chi_c/\Delta t$ 进而低估 $F_s$ 绝对值。低估程度随时间窗口延长而增大（图 7.9）[111,227]。这与大气非稳态的 $F_s$ 的"瞬时"（transient，即短时间尺度）性质[27]相吻合。

$CO_2$ 干摩尔分数时间平均导致 $F_s$ 低估对能量存储和 EC 方法的能量平衡也有启示。Leuning 等[42]发现全球通量网数据从半小时尺度（30min 通量数据）到日尺度（日平均能量通量数据），湍流能量通量（感热通量与潜热通量之和）与可利用能量（净辐射与土壤表面热通量之差）之间的强制通过原点的回归直线斜率从 0.75 增加到 0.90，即能量平衡度提高了15%。这是对冠层（空气和生物量）能量储存的简单估计。然而，15个高冠层（>8m）生态系统的半小时尺度冠层能量储存直接估计仅为7%[158]。笔者怀疑，利用半小时平均温度和湿度计算的半小时冠层能量储存可能明显低于实际值。

$CO_2$干摩尔分数时间平均计算$F_s$给NEE带来的误差见表7.3。研究发现，30min $\chi_c$时间窗口计算的NEE大小总体上低估5%以上。生长季白天$CO_2$吸收速率显著低估，而夜间呼吸也显著低估。因为生长季的正截距（$1.058\mu mol\ m^{-2}\ s^{-1}$）和非生长季的斜率（1.140）不容忽视（表7.3），笔者认为普遍观察到的夜间生态系统呼吸低估现象[35,271]可以通过短时间窗口的$\chi_c$计算的$F_s$得到改善。但对长期NEE的影响可能小于对GPP和Re的影响[110]，因为低估$CO_2$吸收和释放部分抵消。

### 7.5.5 单一廓线测量$CO_2$储存通量的理论思考

执行$\chi_c$时间平均可降低单一廓线测量$F_s$的随机误差，但增加了选择性系统误差。因此单一廓线测量$F_s$的随机误差与系统误差是不可兼顾的。本书中的廓线系统的2min响应时间是文献中最快的系统之一（60~1800s，附录A）。如果一个循环的廓线数据用于计算$F_s$，尽管随机误差大，但其系统误差可降到最低。在分析仪前安装一个缓冲瓶（Buffer volume）可能有助于降低$\chi_c$的随机误差[135]。然而，缓冲瓶相当于一种$\chi_c$的低通滤波器，具有与时间平均类似的效应。因此缓冲瓶应该在噪声过滤与高频损失之间找到平衡点，而最好测量空间平均瞬时$\chi_c$。快速响应的线性平均廓线是解决这一问题的可能途径。比如，从同一高度的多点（线状采样）同步采样可以降低空间变异导致的不确定性[135]，或者利用多个塔实现[112]，但这在大多数情况下并不现实。廓线系统的新设计，比如AP200[272]，采用缓冲瓶（周转时间为2min），而且8层采样也在2min完成，从而可能有效降低了阵风导致的振动。快速响应的线状或面状采样策略与合适大小的缓冲瓶可能是下一代专为测量$F_s$设计廓线系统的发展方向。

理论上，$F_s$测量根本就不需要$\chi_c$廓线。相反，廓线测量是为了更好地代表空间平均$\chi_c$。因此，如果只关注$F_s$，笔者推荐所有层次同步采样并在缓冲瓶里充分混合后直接测量空间平均$\chi_c$。此种设计可以测量整个廓线的接近瞬时空间平均$\chi_c$，但丢失了$\chi_c$垂直梯度这一有用信息。这种情况下，所有层次的垂直配置须均匀分布，以便更好地考虑整个控制体积或者至少不同高度的贡献，注意不同于Noormets等[273]的不均匀分布设计。而且，各层流速也应保持一致，可以像AP100一样采用同等长度的管路加以控制。

## 7.6 本章小结

本章以帽儿山站的落叶阔叶林为例研究了廓线系统不同采样方案对$F_s$的误差。在大部分时间尤其是昼夜转换期，林冠下比林冠层和林冠上对控制体积内$F_s$的贡献异常大。采样在4层以上且在垂直方向上相对均匀分布的廓线系统基本能满足$F_s$的观测要求。如果利用EC单点法计算$F_s$，会造成低估34.5%。优化廓线系统需要综合考虑垂直方向上各区域的$\Delta\chi_c/\Delta t$及其厚度。采用$CO_2$时间平均代替控制体积内的空间平均会导致$F_s$低估，且低估程度随平均时间延长而增大。常用的 30min 时间平均给 $F_s$ 带来的系统误差也不容忽视。$F_s$ 的不确定性随计算 $CO_2$ 浓度平均值的时间窗口的增大而降低，但即便在 30min 时间尺度上，其不确定性相对于 $F_s$ 仍然较大，昼夜转换期 $F_s$ 不确定性约为 10%，但夜间约 100%（生长季）或 300%（非生长季）。

# 第 8 章

# 超声风速仪倾斜校正对涡动通量的影响

## 8.1 坐标旋转对碳、水、能量涡动通量的影响

由于截距量级不足 1W m$^{-2}$，远小于 H 量级（图 8.1），因此斜率可以说明校正前后的差异。不同方法相比，NBPF 校正后 H 与校正前的关系最紧密（$R^2=0.986$），其次为 PF（$R^2=0.965$）、MPF（$R^2=0.962$）和 DR（$R^2=0.950$），从斜率看这 4 种方法得到的

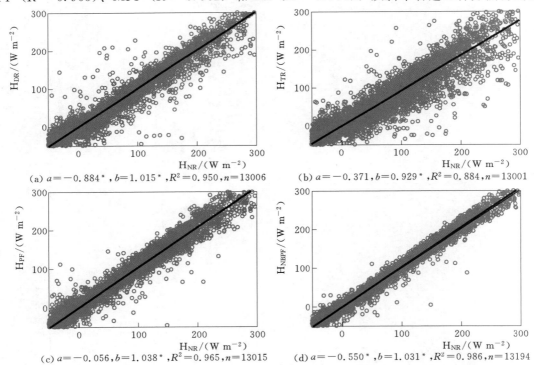

(a) $a=-0.884*, b=1.015*, R^2=0.950, n=13006$

(b) $a=-0.371, b=0.929*, R^2=0.884, n=13001$

(c) $a=-0.056, b=1.038*, R^2=0.965, n=13015$

(d) $a=-0.550*, b=1.031*, R^2=0.986, n=13194$

图 8.1（一） 坐标旋转对感热通量（H）的影响

[图中黑线为 SMA 拟合直线，* 表示斜率与 1 或截距与 0 差异极显著（$P<0.01$），所有回归均极显著（$P<0.01$）。下标 NR、DR、TR、PF、NBPF、MPF 和 MSWPF 分别表示不旋转、二次坐标旋转、三次坐标旋转、平面拟合、无偏平面拟合、月窗口分风向区拟合和月窗口无偏平面拟合。下同。]

8.1 坐标旋转对碳、水、能量涡动通量的影响

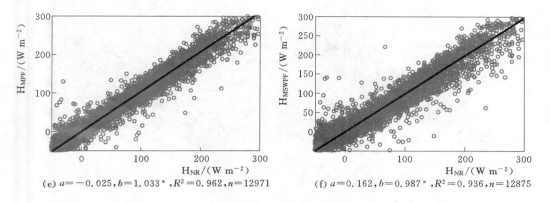

(e) $a=-0.025, b=1.033^{*}, R^{2}=0.962, n=12971$　　(f) $a=0.162, b=0.987^{*}, R^{2}=0.936, n=12875$

图 8.1（二）　坐标旋转对感热通量（H）的影响

［图中黑线为 SMA 拟合直线，＊表示斜率与 1 或截距与 0 差异极显著（$P<0.01$），所有回归均极显著（$P<0.01$）。下标 NR、DR、TR、PF、NBPF、MPF 和 MSWPF 分别表示不旋转、二次坐标旋转、三次坐标旋转、平面拟合、无偏平面拟合、月窗口分风向区拟合和月窗口无偏平面拟合。下同。］

H 比校正前略有增大，增幅依次为 3.1%、3.8%、3.3% 和 1.5%；MSWPF 校正与未校正通量关系较差（$R^{2}=0.936$），而 TR 最差（$R^{2}=0.884$），且 2 种方法倾向于减小 H，减小量分别为 1.3% 和 7.1%。

校正后 LE 与校正前的关系紧密程度顺序与 H 一致，依然为 NBPF 最好（$R^{2}=0.979$），TR 最差（$R^{2}=0.818$，图 8.2）。NBPF 和 DR 分别使得 LE 升高 1.0% 和 0.4%，

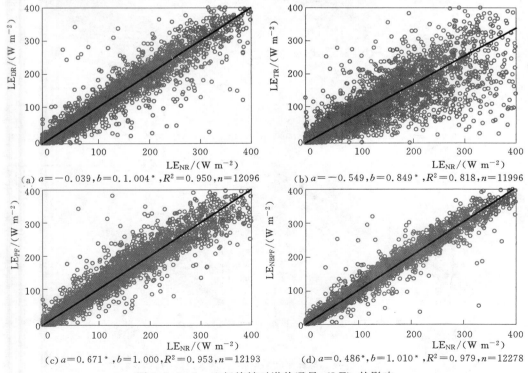

(a) $a=-0.039, b=0.1.004^{*}, R^{2}=0.950, n=12096$　　(b) $a=-0.549, b=0.849^{*}, R^{2}=0.818, n=11996$

(c) $a=0.671^{*}, b=1.000, R^{2}=0.953, n=12193$　　(d) $a=0.486^{*}, b=1.010^{*}, R^{2}=0.979, n=12278$

图 8.2（一）　坐标旋转对潜热通量（LE）的影响

73

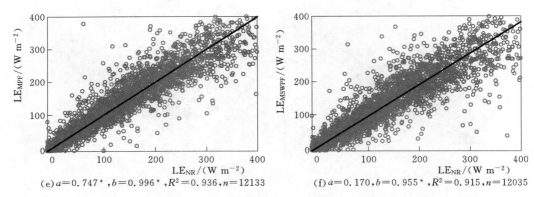

图 8.2（二） 坐标旋转对潜热通量（LE）的影响

PF 还增加截距 0.671W m$^{-2}$。MPF 降低 0.4%，但截距增加 0.747W m$^{-2}$。MSWPF 和 TR 法则分别降低 4.5% 和 15.1%。

对于 $F_c$ 而言，校正前后的关系紧密程度比 H 和 LE 的明显降低（$R^2$ 为 0.508～0.944），但不同方法之间的大小顺序大体不变。然而，坐标旋转均使得 $F_c$ 降低，降低幅度为 6.0%（DR）～12.1%（TR）（图 8.3）。

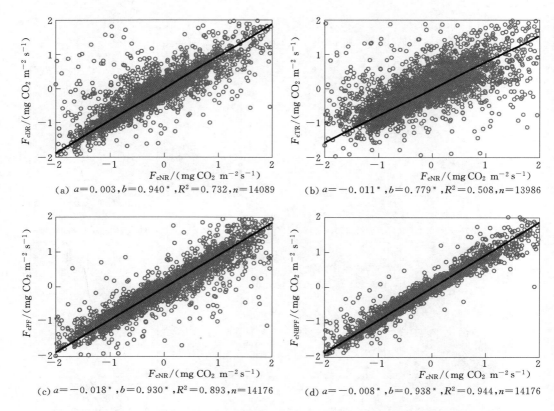

图 8.3（一） 坐标旋转对 $CO_2$ 通量（$F_c$）的影响

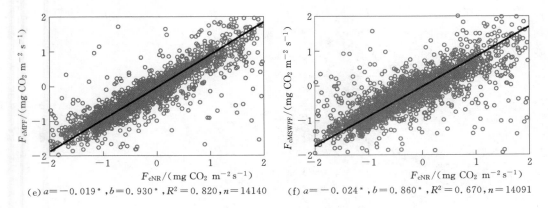

(e) $a=-0.019^*$, $b=0.930^*$, $R^2=0.820$, $n=14140$     (f) $a=-0.024^*$, $b=0.860^*$, $R^2=0.670$, $n=14091$

图 8.3（二） 坐标旋转对 $CO_2$ 通量（$F_c$）的影响

## 8.2 坐标旋转对能量平衡闭合的影响

不同坐标旋转方法得到的湍流能量（$H+LE$）与有效能量（$R_n-G_0$）的紧密程度相似（$R^2$ 为 0.746～0.771）（表 8.1），但 SMA 斜率（强制截距为零）差异较大，以 PF 和 MPF 法最大（0.595），而 TR 法最小（0.521），不闭合度分别为 40.5% 和 47.9%。用全年所有数据计算的 EBR 表示，能量平衡闭合 PF 法平均提高 2% 左右，TR 法降低大于 6%，两者不闭合度分别为 31.2% 和 39.9%。

表 8.1　　　　　　　　　　　坐标旋转对能量平衡闭合的影响

| 因变量 | $n$ | $R^2$ | 斜率 | 能量平衡闭合比率 EBR |
| --- | --- | --- | --- | --- |
| $(H+LE)_{NR}$ | 11611 | 0.746 | 0.577 | 0.666 |
| $(H+LE)_{DR}$ | 11883 | 0.755 | 0.583 | 0.673 |
| $(H+LE)_{TR}$ | 12445 | 0.759 | 0.521 | 0.601 |
| $(H+LE)_{PF}$ | 11855 | 0.771 | 0.595 | 0.688 |
| $(H+LE)_{NBPF}$ | 11917 | 0.760 | 0.593 | 0.687 |
| $(H+LE)_{MPF}$ | 11804 | 0.769 | 0.595 | 0.686 |
| $(H+LE)_{MSWPF}$ | 12024 | 0.768 | 0.571 | 0.660 |

## 8.3 倾斜角度与风向的关系

由图 8.4 可知，帽儿山站的倾斜角度主要分布范围为 $-20°\sim+20°$，与风向呈显著的正弦曲线关系（$R^2=0.499$，$P<0.001$），残差与风向关系不明显，表明地形与通量塔及风速仪本身并没有造成明显的气流扭曲。因此，DR 是坐标旋转的有效方法。此外，残差与平均水平风速有关，误差主要集中在低风速区（小于 $1\,m\,s^{-1}$）。倾斜角度与风向的正弦函数的回归系数 $a$ 为 $-0.053\,rad$（即 $-3.0°$），如果按照平均风速 $2.1\,m\,s^{-1}$ 计算，垂直风

速的零点漂移为 $-0.11\ \mathrm{m\ s^{-1}}$；$b$ 表明倾斜角最大为 $8.7°$，这就是通量塔周围的平均坡度，与在通量贡献区内随机布设的 9 块固定样地的平均坡度 $8.9°$ 非常接近；$c$ 表示函数的相变，与超声风速仪相对于坡面的角度有关。

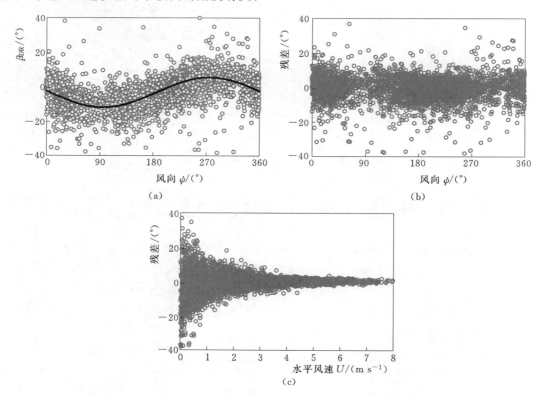

图 8.4　倾斜角度（$\beta_{\mathrm{DR}}$）与水平风向的正弦函数关系及其残差与风向和水平风速的关系

## 8.4　坐标旋转对摩擦风速的影响

坐标旋转也影响到 $u_*$（表 8.2）。从 SMA 斜率看，除 TR 法使得 $u_*$ 降低 3.0% 外，其余方法均使得 $u_*$ 升高，升高幅度为 1.7%（MPF）～9.3%（DR）。

表 8.2　　坐标旋转对摩擦风速（$u_*$）的影响

| 因变量 | $R^2$ | 斜率 | 截距/$(\mathrm{m\ s^{-1}})$ |
| --- | --- | --- | --- |
| $u_{*\mathrm{DR}}$ | 0.906 | 1.093 | $-0.051$ |
| $u_{*\mathrm{TR}}$ | 0.781 | 0.970 | $-0.065$ |
| $u_{*\mathrm{PF}}$ | 0.923 | 1.026 | $-0.009$ |
| $u_{*\mathrm{NBPF}}$ | 0.962 | 1.042 | $-0.018$ |
| $u_{*\mathrm{MPF}}$ | 0.916 | 1.017 | $-0.007$ |
| $u_{*\mathrm{MSWPF}}$ | 0.861 | 1.018 | $-0.036$ |

注　自变量为旋转前的摩擦风速（$u_{*\mathrm{NR}}$）。所有斜率与 1、截距与 0 差异均显著（$P<0.001$）。

## 8.5 坐标旋转对垂直风速的影响

由于 DR 和 TR 均使得每半小时平均垂直风速（$w$）为零，因此只比较 PF 及其派生方法对 $w$ 的影响。4 种方法使得 $w$ 大幅度减小（表 8.3），从 SMA 回归斜率看，PF、NBPF、MPF 和 MSWPF 法校正后仅为校正前的 52.0%、57.0%、49.8% 和 41.0%；NBPF 截距最小（$-0.049\text{m s}^{-1}$），而 MPF 的最大（$0.035\text{m s}^{-1}$）。$R^2$ 表明 NBPF 法校正前后 $w$ 的关系最紧密（$R^2=0.514$），而 MSWPF 校正前后的关系最离散（$R^2=0.158$）。

表 8.3　　坐标旋转对垂直风速（$w$）的影响

| 因变量 | $R^2$ | 斜率 | 截距/(m s$^{-1}$) |
|---|---|---|---|
| $w_{\text{PF}}$ | 0.214 | 0.520 | $-0.030$ |
| $w_{\text{NBPF}}$ | 0.514 | 0.570 | $-0.049$ |
| $w_{\text{MPF}}$ | 0.178 | 0.498 | 0.035 |
| $w_{\text{MSWPF}}$ | 0.158 | 0.410 | 0.018 |

注　自变量为旋转前的垂直风速（$w_{\text{NR}}$）。$n=15210$。

## 8.6 讨论

### 8.6.1 分时段坐标旋转对通量测量的影响

坐标旋转方法对 EC 湍流通量的影响因地形而异。一些研究发现 DR 法和 TR 法校正的 H 没有多大差异，如美国科罗拉多山的 Niwot Ridge 站[153]和我国长白山站[145]，其原因可能是因为坡面较大、各方向坡度差异不太大、地形没有导致明显的水平风向的垂直切变所致。但在像帽儿山这样的山谷地形，一般风向沿山谷吹，由于存在明显的垂直切变而导致侧向应力较大[142]，因此 TR 法通量低估明显（图 8.1～图 8.3）；这与鼎湖山站不均一坡面[274]和北京密云山谷地形[155]结果一致。从这一点上讲，存在垂直切变的地形条件下，TR 法会导致过度旋转而低估通量。事实上，无论地形如何，TR 法不会导致通量更合理[145,153]，而且动力学上也不应该将侧向应力最小化[148,220]，因此绝大多数研究不再进行第三次旋转[141]。

### 8.6.2 平面拟合坐标旋转对通量测量的影响

与分时段独立旋转法相比，PF 法采用较长时间的数据集拟合坐标平面，可大大降低低风速时的误差[136]，而且避免了低频成分损失[26]，因而是单点（单塔）通量测量的优先选择坐标系统[139]。本书结果表明 PF 法得到的通量大于 TR 法和 DR 法（图 8.1～图 8.3），且能量平衡最优，因此应优先选择 PF 法。这与北京密云森林[155]和安徽肥西草地[275]一致，但与另外一些站点不同：如欧洲一农田站[276]、美国 Niwot Ridge 站[153]和我国长白山站 $F_c$ 和能量通量[145]PF 法与 DR 或 TR 几乎一致，鼎湖山 DR 法大于 PF 法的 $F_c$[274]。综合来看，绝大多数情况下采用 PF 法优于 DR 或 TR 法。

本书 DR 旋转角度（$\beta_{DR}$）（图 8.4）与坡面角度吻合，与以往研究结果一致[153]，表明流线坐标系可以认为是符合地形的坐标系[148]。但如果存在通量辐合或辐散，30min 平均风向量则不再平行于地面[144]。采用长期的平均坐标系可以避免这一问题。首先，本书发现将 PF 数据集从月延长到年，通量存在微弱的增加趋势（小于 1%），表明本站点数据集长度并不是坐标系的决定性因素，与日本的山谷地形上的常绿针叶林[152]类似，但也有研究认为延长数据集长度可以增大垂直平流[277]。图 7.5 清晰地表明 DR 法的绝对倾斜角度与风向关系较好，这意味着通量塔周围地形比较均一。尽管本书为落叶阔叶林，冬夏冠层结构差异很大，但采用年数据集拟合坐标平面更方便，且通量略有提高，并不支持 Shimizu[152]推断的落叶林季节变化大的推论，这可能与帽儿山站常年风向为稳定的沿山谷走向的山谷风为主[142]有关。从通量长期观测的角度讲，频繁变化的坐标系统使得数据处理更为复杂。而且坐标系多变导致没有固定的参考平面，难以与地面通量测量在同一坐标系下比较。因为通常地面测量均以水平面作为参考平面，如水量平衡或树干液流得到的蒸发散和蒸腾以及生物量清查法得到的碳通量均是换算到水平面计量的。因此本书推荐在坡面较为均一的情况下优先采用年 PF 法。

$b_0$ 被认为是超声风速仪的系统偏差[148]，van Dijk 等[229]认为应该在拟合平面时去掉这一偏差。笔者通过在静风条件下用透明塑料袋包裹 CSAT3 简易测定发现，CSAT3 的漂移小于 0.03m s$^{-1}$。PF 法和 MPF 法拟合的 $b_0$ 大约为 0.10m s$^{-1}$，明显大于实际测定的漂移量级，因此认为不能将 $b_0$ 简单地认为是超声风速仪的系统偏差。此外，去掉 $b_0$ 后的 NBPF 校正前后的 $u_*$ 和 $w$ 关系均最紧密（表 8.1 和表 8.2），因此校正量最小。但是，全年平均 $w$ 约 $-0.07$m s$^{-1}$ 明显偏离 0，不符合坐标旋转使得平均 $w$ 为 0 的目的。相反，PF 法得到的约 0.01m s$^{-1}$，已经处于 CSAT3 的误差范围以内。因此，尽管 NBPF 法的通量值最高或接近最高（图 8.1～图 8.3），但不适合用于超声风速仪倾斜校正。由于低风速时拟合误差较大，本书中将风速限定在 1～8m s$^{-1}$ 范围内，$b_0$ 实际上是最小二乘拟合外推得到的参数。事实上，van Dijk 等[229]也意识到 $b_0$ 是极端外推这一情况，而且实测的偏差也与 $b_0$ 吻合较差。因此笔者认为不能简单地将超声风速仪的偏差去掉拟合平面。而月窗口拟合 NBPF 在 4 种 PF 派生方法中通量值最低，且校正量较小，也不适宜校正超声风速仪倾斜误差。

关于是否分风向区拟合坐标平面主要取决于地形是否均一。一般而言，在平坦地形[148]和相对均一坡面[153]不分区拟合效果很好，而在坡度变化较大的地形，由于难以拟合一个平面[145]，应该分扇区拟合[146,149]。帽儿山站全年数据拟合 $R^2$ 为 0.88，低于 Niwot Ridge 站不分风向区的 0.97，但分风向时高于 Niwot Ridge 站[153]。帽儿山站通量塔位于山谷侧面的山坡，EC 高度（36m）的风向以沿山谷走向的山谷风为主导风向[142]，基本符合坡面相对均一的情况，无论从通量（图 8.1～图 8.3）还是操作简易程度上讲，采用单一 PF 法均比较合适。但在地形特别复杂的情况下，不同风向区的地形差异很大，就应该采用 SWPF 法[146,149,156,278]，否则会引起某些风向通量的系统偏差。然而，Shimizu[152]却发现山谷地形条件下 SWPF 低估通量 5%～7%，与本书结果一致。从以上对比可以看出，不同坐标旋转方法之间的差别取决于局域地形复杂性[157]。

### 8.6.3 坐标旋转对能量平衡的影响

PF法得到湍流能量通量与有效能之间的关系最紧密（$R^2=0.771$），30min和年尺度的能量平衡分别约为60%和69%，在不同方法中最高。这与小浪底农田防护林生态系统DR法优于PF法的结论[159]不一致。ChinaFLUX的内蒙古草原站、禹城农田站和长白山森林站DR得到的湍流能量通量与PF法的差异很小，但地形起伏的千烟洲站则为DR法高于PF法。这说明，农田防护林可能改变了下垫面的气流特征而导致与千烟洲的结果一致。然而本书EBR低于0.70（表8.1），与以往研究相比[42,158,174]处于较低水平。这可能与帽儿山站典型的山谷风气流系统[142]导致的泄流有关。此外，非正交超声风速仪[182,279]和坡面辐射测量[157,183,191]也可能存在一定影响，今后需要进一步研究。

### 8.6.4 通量长期观测坐标系的选择

本书结果还表明，同一坐标旋转方法对H、LE和$F_c$的影响不同，可能减小也可能增大H和LE（图8.1和图8.2），但普遍降低$F_c$（图8.3），这给不同坐标旋转方法的比较带来了困难。以往文献中也出现类似情况[145]，但很多研究没有同时比较碳、水和能量通量。普遍规律是坐标旋转对通量的影响（校正前后线性回归的$R^2$越小影响越大）为$F_c$＞LE＞H（图8.1～图8.3），这与以往研究[145,280]一致。本书还比较了分生长季和非生长季的PF以及分季节和风向的PF法，其结果介于这些平面拟合派生方法之间，总体上效果略差于全年拟合一个平面。

采用全年拟合一个平面的方法在森林站点校正超声风速仪倾斜效应具有3个明显的优势：①比起SWPF和MPF等较为复杂的方法，数据处理大大简化。这在长期通量观测中表现出一定优势。②年PF法在年度尺度上确定了唯一的通量观测坐标系，非常便于长期通量观测，而在年代尺度或更长期的观测时也能反映植被生长带来的变化。③该方法由于有稳定的坐标系，方便与其他方法的通量观测结果交互验证。例如，地面测树学方法测量的NEP经常与EC的NEE比较[48]，而当坡度较大时坐标系的统一性就不得不予以考虑。在这一点上，PF法的坐标系近乎平行于平均坡面，因此便于投影到水平面与地面测量进行比较。然而，该方法也存在不足之处：①观测期间超声风速仪不能移动[148]；②植被变化不能太大，例如在农田生态系统，作物的变化非常快速，不能应用在年尺度用PF法。但在高度相对稳定的森林站点，采用PF法具有明显的优势。

## 8.7 本章小结

本章尝试的所有坐标旋转均使得$F_c$降低，降低幅度为6.0%（DR）～12.1%（TR）。PF法得到的H比校正前增大3.8%、LE增加0.671W m$^{-2}$（截距），湍流能量通量与有效能之间的关系最紧密，EBC最高。在帽儿山这一坡面较为均一的山地森林条件下，坐标系统的选择优先考虑PF，其次为DR，基于较短数据集的PF如MPF拟合效果并非最佳，NBPF校正量最小获取的通量最大但年均$w$与零差异较大；MSWPF在4种平面拟合法中最差，也不适合校正超声风速仪倾斜。本书及其与以往研究的对比为复杂地形条件下的单塔通量观测的坐标系选择做了有益的探索。

# 第 9 章

# 开路涡动协方差分析仪加热效应对碳通量的影响

## 9.1 LI-7500 表面温度与空气温度

帽儿山站 LI-7500 表面温度与环境空气温度呈高度一致的日变化格局（图 9.1），但表面加热存在明显的日动态和季节差异，且不同部位差异很大（图 9.2）。

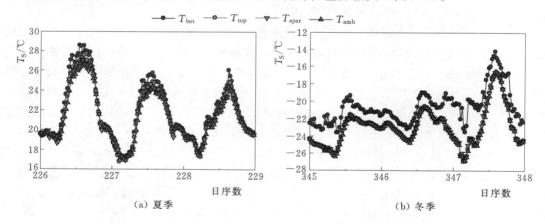

(a) 夏季    (b) 冬季

图 9.1 夏季与冬季 LI-7500 表面温度（$T_S$）与环境温度日变化

（$T_{bot}$、$T_{top}$、$T_{spar}$ 和 $T_{amb}$ 分别为 LI-7500 底部镜头、顶部镜头、支杆和环境温度。）

在日尺度上，受多种气象因素共同影响，LI-7500 表面加热峰值并非出现在中午，而一般在上午。夏季白天 LI-7500 表面加热明显高于夜间，但对应时刻表面加热夏季小于冬季。利用 Burba 一元线性模型和多元回归模型预测的表面加热与实测表面加热差异较大（图 9.2）。对于底部镜头加热（$T_{ibot}$），夏季夜间几乎可以忽略，但白天可接近 2.0℃ [图 9.2（a）]；冬季白天可达 4.0℃ 以上，即便夜间也高达 2.0℃ [图 9.2（b）]。对于顶部镜头加热（$T_{itop}$）较低，白天可超过 0.5℃，夜间在零值上下波动 [图 9.2（c）]。冬季表面加热明显降低，即便白天也低于 0.5℃ [图 9.2（d）]。支杆加热（$T_{ispar}$）介于 $T_{ibot}$ 和 $T_{itop}$ 之间，夏季上午增温可达 1.0℃ 左右 [图 9.2（e）]；冬季午间也不超过 0.4℃，夜间

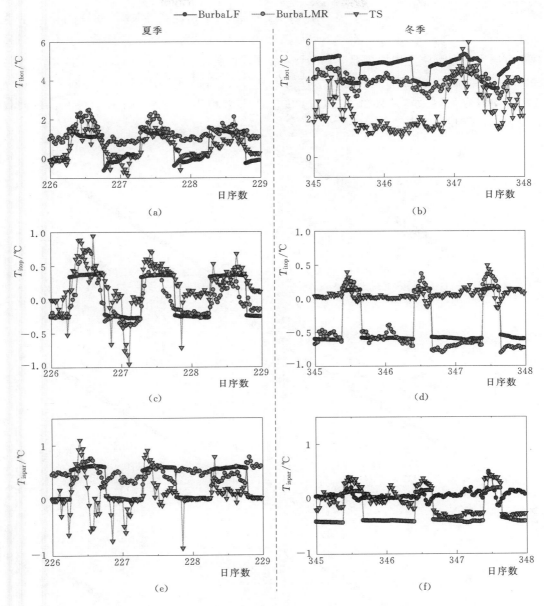

图 9.2 夏季与冬季 LI-7500 表面加热日变化

($T_{ibot}$、$T_{itop}$ 和 $T_{ispar}$ 分别为 LI-7500 底部镜头、顶部镜头和支杆加热,即 LI-7500 表面温度与环境温度之差。BurbaLF、BurbaMR 和 TS 分别表示 Burba 一元线性拟合、多元线性回归模型估计值和热电偶实测值。)

甚至出现过冷却现象[图 9.2 (f)]。此外,无论夏季还是冬季,Burba 模型均不能很好地模拟 $T_i$ 日变化。Burba 一元线性模型模拟值白天夜间加热效应变化缺乏过渡期,明显高估冬季 $T_{ibot}$;低估夜间 $T_{itop}$;高估夏季下午 $T_{ispar}$,却低估冬季下午 $T_{ispar}$。Burba 多元线性回归模型高估夏季和冬季夜间 $T_{ibot}$,低估冬季夜间 $T_{ispar}$;夏季夜间高估、冬季夜间低估 $T_{ispar}$。

SMA 回归表明,LI-7500 各部位白天增温均明显高于夜间(图 9.3)。SMA 回归的

$R^2$ 均超过 0.99,表明 LI-7500 表面温度与 $T_a$ 存在极紧密的线性关系。斜率小于 1 表明随 $T_a$ 降低,加热逐渐增大。当斜率非常接近于 1 时(尽管与 1 差异显著,$P<0.001$),截距可以很好地反映平均加热效应。白天 $T_{ibot}$ 平均略低于 $1.7℃$ [图 9.3 (a)],夜间平均略低于 $1.1℃$ [图 9.3 (b)]。$T_{itop}$ 白天略高于 $0.2℃$,并随 $T_a$ 增大而增大 [图 9.3 (c)],夜间几乎没有加热效应 [图 9.3 (d)]。$T_{ispar}$ 白天平均为 $0.5℃$ [图 9.3 (e)],夜间仅 $0.1℃$ 左右 [图 9.3 (f)]。

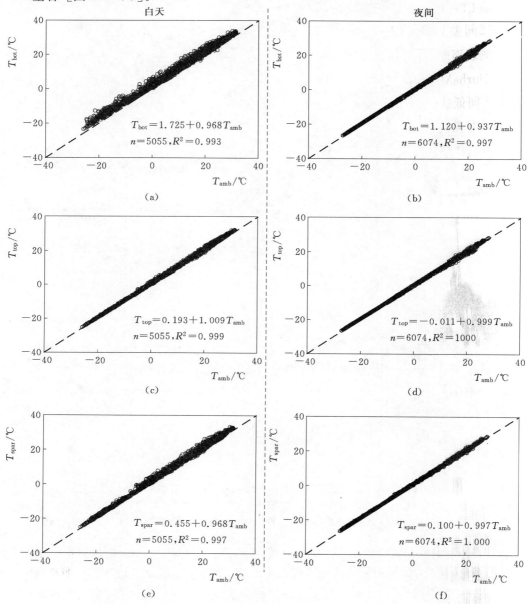

图 9.3 白天与夜间 LI-7500 表面温度与环境温度的标准主轴拟合直线

($T_{bot}$、$T_{top}$、$T_{spar}$ 和 $T_{amb}$ 分别为 LI-7500 底部镜头、顶部镜头、支杆和环境温度。)

## 9.2 LI-7500 表面加热对感热通量的影响

LI-7500 光路感热通量与环境感热通量呈较为紧密的线性关系（图 9.4）。白天，H 大多为正值，因此正截距（11.5W m$^{-2}$）和大于 1 的斜率（1.055）均表明白天加热效应导致 H 明显增大；夜间，H 偏向负值或接近零，负截距（−0.8W m$^{-2}$）和小于 1 的斜率（0.944）表明加热效应导致的感热通量增量较小。此外，需要指出的是，白天和夜间的 $R^2$ 分别为 0.918 和 0.800（图 9.4），两者关系远非表面温度与空气温度之间的线性关系那般紧密（$R^2 > 0.99$，图 9.3）。

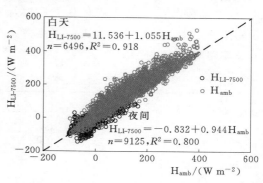

图 9.4　白天与夜间 LI-7500 光路感热通量与环境感热通量的线性回归模型

7 种 LI-7500 感热通量增量（$H_i$）估测方法之间差异较大（图 9.5）。如果以热电偶实测表面温度（TS）结合 Nobel 方程估计法为参考，夏季 BurbaLF 高估清晨和下午的 $H_i$，BurbaMR 夜间和白天均明显高估 $H_i$，WangLF 与 TS 较为接近，WangMR 白天高估而夜间低估，FT 噪声大，FTModel 与 TS 法也较为接近。冬季 BurbaLF、BurbaMR 和 WangLF 略高估，WangMR 白天明显高估，TF 和 FTModel 夜间没有测定到正 $H_i$ 而明显偏低。

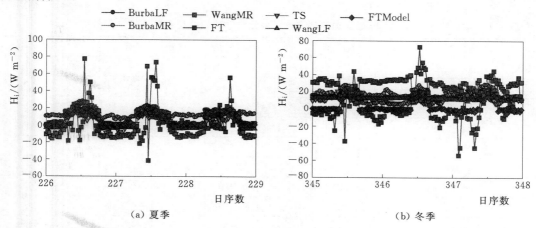

图 9.5　夏季与冬季 LI-7500 表面加热导致的感热通量（$H_i$）日变化

［BurbaLF、BurbaMR、TS、WangLF 和 WangMR 分别为 Burba 线性拟合、Burba 多元回归方程、热电偶实测、本书线性拟合和多元回归方程估计表面温度，再根据 Nobel 公式计算其感热通量。FT 指成对细丝热电偶测定值，经过环境感热通量（$H_{amb}$）与 CSAT3 感热通量（$H_{CSAT3}$）比值校正。FTModel 指用成对细丝热电偶之间的线性模型以 $H_{CSAT3}$ 作为预测变量的估计值。］

（参见文后彩图）

## 9.3 LI-7500 表面加热估计模型

利用 $T_{amb}$ 可以很好地估计 LI-7500 表面温度，但本书实测数据的模型系数与 BurbaLF 模型系数存在一定区别（表 9.1）。对于 $T_{bot}$，本书斜率大，截距小；而对于 $T_{top}$，白天斜率略增大，截距变小，夜间斜率减小，截距增大；$T_{spar}$，白天斜率、截距均增大，夜间斜率略降低而截距增大。

表 9.1　利用空气温度（$T_{amb}$）估计 LI-7500 表面温度的线性模型系数比较

| 时段 | 来源 | $n$ | 底部镜头温度 |  | 顶部镜头温度 |  | 支杆温度 |  |
|---|---|---|---|---|---|---|---|---|
|  |  |  | 斜率 | 截距/℃ | 斜率 | 截距/℃ | 斜率 | 截距/℃ |
| 白天 | Burba 等[163] | >2300 | 0.944 | 2.57 | 1.005 | 0.24 | 1.01 | 0.36 |
| 夜间 | Burba 等[163] | >2300 | 0.883 | 2.17 | 1.008 | -0.41 | 1.01 | -0.17 |
| 白天 | 本书 | >6000 | 0.965 | 1.764 | 1.009 | 0.198 | 1.005 | 0.473 |
| 夜间 | 本书 | >6000 | 0.935 | 1.125 | 0.999 | -0.011 | 0.997 | 0.100 |

注　所有回归方程 $R^2>0.99$，$P<0.001$。

本书建立的 Burba 形式多元线性回归模型也与原模型存在区别（表 9.2）。首先，除了 $T_{ibot}$ 白天截距变小之外，其余截距均变大，甚至 $T_{itop}$ 从负值变为正值。$T_a$ 的负系数表明该变量增大降低温差的作用（除本书的 $T_{itop}$ 之外），但从绝对值看其敏感性均降低。$R_s$ 起增温作用，本书中其敏感性也大体降低（$T_{ispar}$ 除外）。$L$ 也起增温作用（本书 $L$ 起降低 $T_{ispar}$ 作用），本书中其敏感性略降低（$T_{ispar}$ 对 $L$ 的敏感性增加）。$U$ 的负效应（$T_{ispar}$ 除外）并未改变，但除夜间 $T_{itop}$ 和 $T_{ispar}$ 外，$U$ 的敏感性增大。

表 9.2　LI-7500 表面加热的 Burba 多元线性回归模型系数比较

| 时间 | 来源 | 变量 | $a$（截距）/℃ | $b(T_a)$ | $c(R_s)$ | $d(R_L)$ | $e(U)$ | $R^2$ | RMSE |
|---|---|---|---|---|---|---|---|---|---|
| 白天 | Burba 等[163] | $T_{ibot}$ | 2.8 | -0.0681 | 0.0021 |  | -0.334 | — | — |
|  | Burba 等[163] | $T_{itop}$ | -0.1 | -0.0044 | 0.0011 |  | -0.022 | — | — |
|  | Burba 等[163] | $T_{ispar}$ | 0.3 | -0.0007 | 0.0006 |  | -0.044 | — | — |
| 夜间 | Burba 等[163] | $T_{ibot}$ | 0.5 | -0.116 |  | 0.0087 | -0.206 | — | — |
|  | Burba 等[163] | $T_{itop}$ | -1.7 | -0.016 |  | 0.0051 | -0.029 | — | — |
|  | Burba 等[163] | $T_{ispar}$ | -2.1 | -0.02 |  | 0.007 | 0.026 | — | — |
| 白天 | 本书 | $T_{ibot}$ | 2.21 | -0.0467 | 0.0016 |  | -0.3676 | 0.516 | 0.73 |
|  | 本书 | $T_{itop}$ | 0.29 | 0.0043 | 0.0006 |  | -0.0968 | 0.352 | 0.30 |
|  | 本书 | $T_{ispar}$ | 0.71 | -0.0005 | 0.0007 |  | -0.1613 | 0.180 | 0.62 |
| 夜间 | 本书 | $T_{ibot}$ | 0.71 | -0.0808 |  | 0.0040 | -0.2884 | 0.712 | 0.60 |
|  | 本书 | $T_{itop}$ | -0.43 | -0.0092 |  | 0.0016 | -0.0012 | 0.041 | 0.24 |
|  | 本书 | $T_{ispar}$ | -0.01 | -0.0061 |  | -0.0494 | 0.0008 | 0.162 | 0.17 |

注　$T_{ibot}$、$T_{itop}$ 和 $T_{ispar}$ 分别为 LI-7500 底部镜头、顶部镜头和支杆加热（LI-7500 表面温度与环境温度之差）。模型形式：$T_i=a+b\times T_a+c\times R_s+d\times L+e\times U$。式中 $T_i$ 为 LI-7500 表面加热，$T_a$ 为空气温度，℃；$R_s$ 为入射短波（太阳）辐射，$W\ m^{-2}$；$R_L$ 为入射长波辐射，$W\ m^{-2}$；$U$ 为水平风速，$m\ s^{-1}$。

本书还尝试了线性逐步回归方法建立 $T_i$ 经验模型（表9.3）。此处只选取了模型入选的前3个变量。$R_n$ 和 $U$ 入选5次，明显多于 $R_s$ 的2次和 $L$ 的2次，表明应该考虑两者为首选变量。原模型未考虑的 $\rho_v$ 也选入 $T_{itop}$ 的模拟模型。然而，线性逐步回归模型导致的 $R^2$ 增加和 RMSE 降低均不大，表明线性逐步回归模型对模拟效果的改善很小。

表 9.3  帽儿山站 LI-7500 表面加热导致的感热通量的逐步多元线性回归模型

| 时间 | 变量 | $a$（截距） | $b(R_n)$ | $c(R_s)$ | $d(R_L)$ | $e(U)$ | $d(T_a)$ | $e(\rho_v)$ | $R^2$ | RMSE |
|---|---|---|---|---|---|---|---|---|---|---|
| 白天 | $T_{ibot}$ | 4.50 | 0.0012 |  | −0.0082 | −0.3796 |  |  | 0.535 | 0.72 |
|  | $T_{itop}$ | 0.20 | 0.0008 |  |  | −0.0893 |  | 0.0127 | 0.363 | 0.30 |
|  | $T_{ispar}$ | 0.59 | −0.0031 | 0.0030 |  | −0.1680 |  |  | 0.197 | 0.61 |
| 夜间 | $T_{ibot}$ | 2.04 | 0.0052 |  |  | −0.2896 | −0.0625 |  | 0.722 | 0.58 |
|  | $T_{itop}$ | 0.28 | 0.0026 |  | −0.0011 |  |  | 0.0154 | 0.122 | 0.23 |
|  | $T_{ispar}$ | 0.20 |  | 0.0023 |  | −0.0517 | −0.0022 |  | 0.203 | 0.17 |

注  $T_{ibot}$、$T_{itop}$ 和 $T_{ispar}$ 分别为 LI-7500 底部镜头、顶部镜头和支杆加热（LI-7500 表面温度与环境温度之差）。模型形式：$T_i = a + b \times R_n + c \times R_s + d \times L + e \times U + f \times T_a + g \times \rho_v$。式中 $T_i$ 为 LI-7500 表面加热；$R_n$ 为净辐射，$\mathrm{W\ m^{-2}}$；$R_s$ 为入射短波（太阳）辐射，$\mathrm{W\ m^{-2}}$；$R_L$ 为入射长波辐射，$\mathrm{W\ m^{-2}}$；$U$ 为水平风速，$\mathrm{m\ s^{-1}}$；$T_a$ 为空气温度，℃；$\rho_v$ 为水汽密度，$\mathrm{g\ m^{-3}}$。

## 9.4 LI-7500 表面加热对 $CO_2$ 通量的影响

7种方法得到的 $F_{cHC}$ 夏季一般可以达到 $1.0\,\mu\mathrm{mol\ m^{-2}\ s^{-1}}$，冬季一般不超过 $2.0\,\mu\mathrm{mol\ m^{-2}\ s^{-1}}$，夜间 $F_{cHC}$ 均接近零（图9.6）。如果以 TS 结合 Nobel 方程估计法为参考，夏季 BurbaLF 白天高估，BurbaMR 夜间和白天均明显高估，WangLF 与 TS 法较一致，WangMR 白天高估但夜间低估，FT 噪声大，FTModel 与 TS 法较为接近。冬季 Bur-

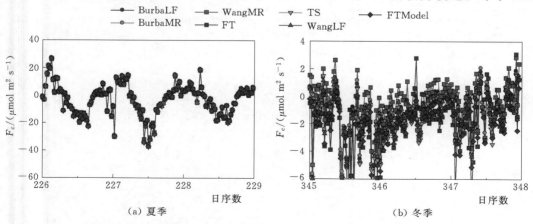

图 9.6  夏季与冬季 LI-7500 测定的 $CO_2$ 湍流通量加热校正量（$F_{cHC}$）日变化
［Burba 一元模型（BurbaLF）、Burba 多元回归方程（BurbaMR）、实测表面温度（TS）、细丝热电偶（FT）和细丝热电偶线性模型（FTModel）。］

（参见文后彩图）

baLF、BurbaMR 略高估（347 天除外），WangLF 与 TS 法较接近，WangMR 白天明显高估，TF 和 FTModel 夜间明显低估。

不同加热校正方法对 $F_c$ 的影响差异较大（表 9.4）。SMA 直线斜率非常接近于 1，模型截距可以表征 $F_{cHC}$（图 9.7）。与 TS 结合 Nobel 方程法相比，其余 6 种方法均高估白天 $F_{cHC}$，其中 BurbaLF 高估最明显。夜间则为 BurbaMR 高估，BurbaLF 和 WangMR 结果与 TS 的较接近，WangLF 略低估，而 FT 和 FTModel 甚至降低了 $F_c$。

表 9.4 表面加热效应校正的 $CO_2$ 湍流通量与 WPL 校正通量的标准主轴直线拟合结果

| 时段 | 方法 | $R^2$ | 斜率 | 斜率95%置信区间 | 截距/($\mu mol\ m^{-2}\ s^{-1}$) | 截距95%置信区间 |
|---|---|---|---|---|---|---|
| 白天 | BurbaLF | 1.000 | 1.006 | [1.006, 1.007] | 0.941 | [0.933, 0.948] |
| | BurbaMR | 0.999 | 0.997 | [0.995, 0.998] | 0.845 | [0.831, 0.858] |
| | TS | 0.999 | 0.998 | [0.997, 0.999] | 0.490 | [0.476, 0.503] |
| | WangLF | 1.000 | 1.004 | [1.004, 1.005] | 0.824 | [0.817, 0.830] |
| | WangMR | 0.999 | 0.996 | [0.995, 0.997] | 0.749 | [0.734, 0.763] |
| | FT | 0.985 | 1.011 | [1.007, 1.015] | 0.770 | [0.720, 0.820] |
| | FTModel | 1.000 | 1.001 | [1.000, 1.002] | 0.741 | [0.733, 0.750] |
| 夜间 | BurbaLF | 0.998 | 0.991 | [0.990, 0.993] | 0.278 | [0.270, 0.287] |
| | BurbaMR | 0.999 | 1.000ns | [0.999, 1.001] | 0.505 | [0.497, 0.513] |
| | TS | 0.998 | 0.993 | [0.991, 0.994] | 0.242 | [0.233, 0.251] |
| | WangLF | 0.999 | 0.992 | [0.991, 0.993] | 0.175 | [0.167, 0.182] |
| | WangMR | 0.990 | 0.979 | [0.976, 0.982] | 0.284 | [0.264, 0.304] |
| | FT | 0.989 | 1.010 | [1.007, 1.013] | −0.133 | [−0.155, −0.111] |
| | FTModel | 1.000 | 1.004 | [1.004, 1.004] | −0.015 | [−0.017, −0.012] |

注 BurbaLF 为 Burba 一元线性模型估计表面温度校正，BurbaMR 为 Burba 多元回归模型估计表面温度校正，TS 为直接测定表面温度校正，WangLF 为本书一元线性模型估计表面温度校正，WangMR 为本书多元回归模型估计表面温度校正，FT 为本书细丝热电偶测定 LI-7500 光路感热通量校正，FTModel 为细丝热电偶的 LI-7500 感热通量模型校正。ns 表示斜率与 1 差异不显著。

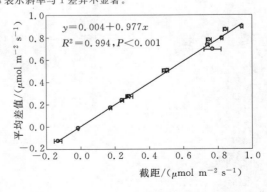

图 9.7 表面加热校正的与 WPL 校正后的 $CO_2$ 湍流通量标准化主轴回归的截距是表面加热校正对 $CO_2$ 通量平均效应（平均差值）的良好指示者

## 9.5 讨论

### 9.5.1 开路分析仪表面加热

本书用细丝热电偶直接测定低频表面温度,直接证实了 LI-7500 存在明显的表面加热效应(图 9.1 和图 9.2)。本书测定的 $T_i$ 以底部镜头最明显,顶部镜头最低,其次是支杆,与 Burba 等[163]报道的范围($T_{ibot}$ 0~6℃,$T_{itop}$ -1~2℃,$T_{ispar}$ -1~2℃)接近。王兴昌等[281]发现春季 LI-7500 光路中部加热约 0.2℃。

LI-7500 表面加热存在日变化,通常峰值出现在清晨或中午,夜间甚至出现冷却现象(图 9.2)。这些日变化是由于影响仪器表面与空气热交换的微气象因子的日变化造成的。清晨恰逢夜间稳定边界层向对流边界层转换期,空气温度低,而且常处于静风状态,$R_n$ 和电子元件运行产生的能量无法有效地与周围空气交换,因此容易产生加热峰值;正午太阳辐射强,如果遭遇低 $U$ 情况,也可能出现加热峰值。仪器加热来自太阳辐射增温和电子元件产热[163],夜间因为缺少太阳辐射增温,仪器自身产热不能抵消辐射冷却而低于环境空气温度也属正常现象。本书 LI-7500 加热日变化的差异暗示 Burba 方程可能不具有普适性。

极少有文献涉及 Burba 方程的验证问题。然而,本书结果表明 Burba 方程并不是完全具有普适性的(表 9.1 和表 9.2)。Emmerton 等[169]报道极地半荒漠和草甸湿地的研究结果,底部镜头的温度与 $T_a$、$R_n$ 和 $U$ 三元线性模型的自变量回归系数一致或很接近,但常数项差异超过 0.3℃,与 Burba 方程存在很大的差异。本书认为 $R_n$ 和 $U$ 是最重要的两个变量,除了 $R_s$、$L$、$T_a$ 外,水汽也可能是要考虑的一个因子(表 9.3)。本书建立的线性逐步回归模型并没有比 Burba 形式的模型有实质性的提高,可能是因为有些因子的影响是非线性的。因此下一步工作将开展具有一定物理意义的半经验非线性模型,并在不同站点进行验证。

### 9.5.2 开路分析仪表面加热对感热通量的影响

本书成对细丝热电偶直接测定了 LI-7500 光路与环境感热通量,发现两者的线性关系并不是很理想(图 9.4)。王兴昌等[281]报道大约 5 月的长热电偶采集的短期数据集,两者的关系更为紧密,白天和夜间 $R^2$ 分别为 0.968 和 0.948。其中的原因可能包括:①各种天气条件下导致的 LI-7500 表面增温差异大,这些差异反映在 $H_{LI-7500}$ 与 $H_{amb}$ 的差异不稳定,即 $H_i$ 不断变化;②热电偶长期暴露在空气中逐渐氧化而精度降低。两者不完美的线性关系表明,利用该线性模型和 $H_{CSAT3}$ 估计 $H_i$ 存在误差,不能很好地反映气象因子的影响。

7 种 $H_i$ 估测方法之间差异较大,从理论上讲 TS 结合 Nobel 方程估计法可作为参考,夏季表现较好的是 WangLF 和 FTModel,冬季 WangLF 较好。Burba 方程存在以下问题:①BurbaLF 估计的白天 $H_i$ 波峰过于平缓。白天加热主要来源于太阳辐射,因此理论上讲应该具有一定程度的波动,BurbaLF 预测结果夏季(图 9.5)和 4 月底[281]在 20W m$^{-2}$ 左右。Grelle 和 Burba[173]、Burba 等[163]认为 $H_i$ 一般不会超过 20W m$^{-2}$,但实测结果可超过 60W m$^{-2}$，这在一定程度上可以解释为什么一些站点 Burba 方程校正不能完全解决非生长季白天的碳吸收问题。因此认为 Burba 方程在白天预测加热效应缺乏足够的敏感性。②BurbaLF 估计的白天 $H_i$ 波峰过宽（图 9.5），因而经常高估清晨和傍晚的加热效应。③Burba 方程昼夜转换缺乏过渡，一元模型更明显。事实上，尽管 BurbaMR 的拟合度高于 BurbaLF，但其模拟值并不是均匀地分布于拟合直线的附近（原文图 4[163]），而是呈类似二次多项式的趋势，因此模型本身并不能通过残差检验。$H_i$ 的真实日变化格局不太可能像 Burba 方程的预测结果一样大体呈矩形波状。最后，Burba 方程可能高估夜间加热效应，尤其是 BurbaLF（图 9.5）[281]。这与夜间增温很小甚至出现冷却的事实相抵触。然而，很少有文献实测 $H_i$ 日变化，这限制了从微气象学过程解释 Burba 方程的适用性和 $H_i$ 的模拟。本书白天细丝热电偶测定的 $H_{LI7500}$ 比 $H_{amb}$ 高 5% 多一些，低于文献 10% 以上的报道[163,173,281]，可能与本书数据包含了夏季高温数据有关，因为加热效应随 $T_a$ 增大而降低（表 9.2）。

### 9.5.3 开路分析仪表面加热对 $CO_2$ 通量的影响

因为 $F_{cHC}$ 由 $H_i$ 计算得到，所以 7 种方法得到的 $F_{cHC}$ 差异与 $H_i$ 的类似。以 TS 结合 Nobel 方程为参考，总体 WangLF 较好。LI-7500 加热效应导致生长季白天高估生态系统 $CO_2$ 吸收，非生长季低估 $CO_2$ 释放，夏季误差一般可达 1.0μmol m$^{-2}$ s$^{-1}$，冬季误差一般不超过 2.0μmol m$^{-2}$ s$^{-1}$，而夜间误差接近零（图 9.6），明显高于以往认为的典型值 0.5μmol m$^{-2}$ s$^{-1}$[282,283]，可能是本书地点受大陆季风气候影响冬季温度较低而处于中纬度辐射较强的缘故。一方面，由于非生长季 $CO_2$ 吸收现象主要发生在日出后的清晨转换期（图 9.2）和 $H_s$ 最大的正午前后[161,163,173,284]，应用 Bubra 方程经常导致清晨校正不足而其余时间高估；另一方面，Burba 方程往往缺乏昼夜过渡而产生误差。这些误差叠加的结果是 Burba 方程总体上高估了夜间和白天的加热效应校正量（表 9.4）。然而本书建立的模型白天校正量也偏高，意味着仍然有改进的空间。

利用细丝铂金电阻[173]和细丝热电偶[281]短期测定 LI-7500 光路感热通量具有可行性，但长期应用受到诸多挑战。尽管 Omega 细丝热电偶性能略差于昂贵的细丝铂金电阻，但 K079 型热电偶费用极低（小于 1000 元/套），且长期稳定性好于细丝铂金电阻，而且维护量小，这给实测 LI-7500 加热效应提供了经济可行的方法。采用 40m 长电缆造成了一定高频损失[281]。短电缆却造成高估，目前原因尚不清楚。此外，新型开路分析仪是否存在加热效应仍然缺乏野外实测数据，因此以闭路系统为参照验证细丝热电偶法和 Burba 方程也是非常必要的。

校正 LI-7500 表面加热效应：有的研究认为不校正更好[168]，有的研究选择剔除非生长季的 NEE 负值[285]，有的研究直接应用 Burba 校正[286]，有的研究应用 Burba 校正后再剔除负值[287]，但较少有研究选择建立适合特定站点的新模型[169,283]。本书的对比结果存在明显差异，表明该问题仍然值得深入研究。

鉴于年度通量值还需要考虑夜间数据过滤、数据插补与通量拆分造成的不确定性[11]，本书只是探讨了 30min 尺度数据的加热效应及其季节变化与影响因子，尚未评价年尺度的不同方法对 NEE[164,165]、GPP 和 $R_e$ 的影响，这也是今后工作的重点。

## 9.6 本章小结

本章利用细丝热电偶探讨了 LI-7500 表面加热及其对 $F_c$ 的影响。细丝热电偶直接测量 LI-7500 表面温度表明,LI-7500 表面加热白天大于夜间,冬季大于夏季,底部镜头＞支杆＞顶部镜头,其中冬季底部镜头加热可达 5℃ 以上。7 种方法估计的表面加热导致的 $H_i$ 和 $F_{cHC}$ 格局差异均较大,表面加热导致的 $H_i$ 一般会超过 30W m$^{-2}$,有时可达 60W m$^{-2}$,导致的 $F_c$ 误差夏季一般可达 1.0$\mu$mol m$^{-2}$ s$^{-1}$,冬季一般最大约 2.0$\mu$mol m$^{-2}$ s$^{-1}$。以 TS 结合 Nobel 方程为参考,Burba 方程模拟偏高,夏季 WangLF、FTModel 与 TS 法较一致,冬季 WangLF 与 TS 法较接近,FT 敏感性高但噪声大,而 FTModel 不能很好地反映微气象因子的影响。基于空气动力学的非线性物理模型可能进一步提高加热效应估计准确度。

# 第 10 章

# 辐射测量方式对辐射与能量平衡闭合的影响

## 10.1 辐射分量的平均日变化

对于整个生长季，辐射表安装方式对 $R_{si}$ 的影响明显大于 $R_{so}$，但对 $R_{Li}$ 和 $R_{Lo}$ 影响不大（图 10.1）。由于通量塔位于西北坡，倾斜安装减小了上午和正午的 $R_{si}$ 约 50 W m$^{-2}$ [图 10.1（a）]，但增大了 $R_{so}$ 约 1 W m$^{-2}$ [图 10.1（b）]，导致了 $R_{sn}$ 的减小和滞后 [图 10.1（c）]。将 $R_s$ 拆分成 PAR 和 NIR 表明，$R_{si}$ 的时滞主要是 PAR$_i$ 造成的 [图 10.1（d）]，但振幅的减小主要取决于 NIR$_i$ [图 10.1（g）]。倾斜测量的 PAR$_i$ 和 NIR$_i$ 都略微增大 [图 10.1（e）和图 10.1（i）]，因而 PAR$_n$ 和 NIR$_n$ 具有相似的日变化格局，但振幅比水平测量的略微减小 [图 10.1（f）和图 10.1（i）]。倾斜安装测量的 $R_{Li}$ 和 $R_{Lo}$ 略微减小和滞后 [图 10.1（j）和图 10.1（k）]。因此，水平安装辐射表高估正午前的 $R_n$ 约 50 W m$^{-2}$，但低估午后 $R_n$ 约 20 W m$^{-2}$ [图 10.1（f）]。

与倾斜安装相比，水平安装辐射表高估 $R_n$、$R_{sn}$、$R_{si}$、NIR$_n$ 和 NIR$_i$ 分别为 9% [图 10.2（a）]、8% [图 10.2（b）]、7% [图 10.2（c）]、14% [图 10.2（h）] 和 10% [图 10.2（i）]，但低估 $R_{so}$ 和 NIR$_o$ 4% 和 5% [图 10.2（d）和图 10.2（j）]。水平安装辐射表高估 PAR$_n$ 和 PAR$_i$ 仅 1.5% [图 10.2（e）和图 10.2（f）]，但时滞大于 NIR$_i$。辐射表安装方式对 $R_{Li}$ 的 MA 回归斜率的影响为 3%，截距为 10.330 W m$^{-2}$ [图 10.2（i）]，但对 $R_{Lo}$ 的影响可以忽略（$\alpha=0.997$，$\beta=0.133$，$R^2=1.000$）。因此，水平安装低估 $R_{Ln}$ 8%，截距为 $-3.613$ W m$^{-2}$ [图 10.2（l）]。

将水平测量的 $R_{si}$ 及其组分转换到坡面降低了水平和倾斜的传感器测量的入射辐射和 $R_n$ 的差异。倾斜校正后，$R_{si}$ 和 $R_n$ 的误差分别减小了 24% 和 25%，NIR$_i$ 的误差减小了 16%，PAR$_i$ 的误差略微减小。然而，与直接倾斜测量相比，坡面校正高估 $R_{si}$（3%）、$R_n$（5%）和 NIR$_i$（8%），但低估 PAR$_i$（2%）（图 10.3），但模型之间高度一致（附录 H）。

## 10.1 辐射分量的平均日变化

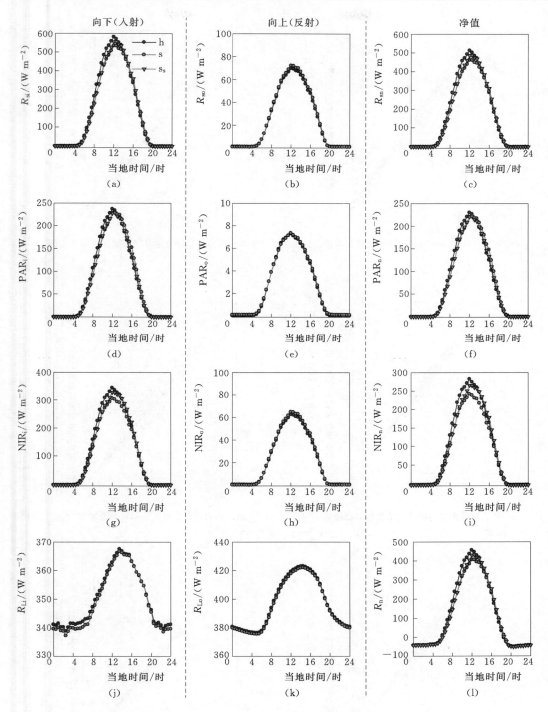

图 10.1 水平和平行于坡面安装的辐射表测定的辐射分量的平均日变化

[图左边部分、中间部分和右边部分分别为向下、向上和净辐射。(a)~(c) 为太阳辐射 ($R_s$)，(d)~(f) 为光合有效辐射 (PAR)，(g)~(i) 为近红外辐射 (NIR)，(j)~(k) 为长波辐射 ($R_L$)，(l) 为净辐射 ($R_n$)。h、s 和 $s_s$ 代表水平和倾斜安装以及水平传感器的坡面校正。]

## 第 10 章 辐射测量方式对辐射与能量平衡闭合的影响

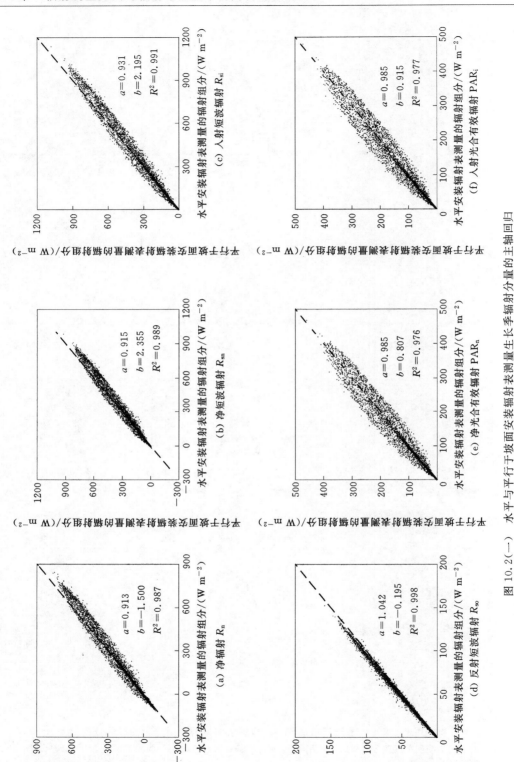

图 10.2（一） 水平与平行于坡面安装辐射表测量生长季辐射分量的主轴回归

10.1 辐射分量的平均日变化

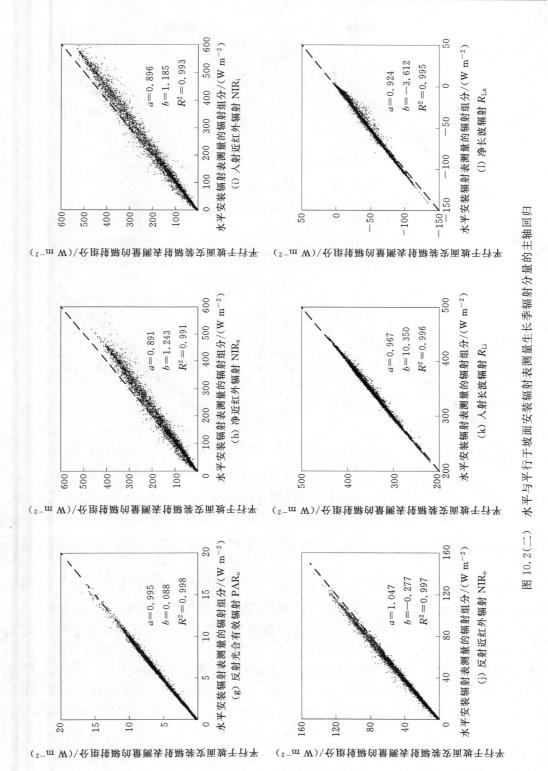

图 10.2(二) 水平与平行于坡面安装辐射表测量生长季辐射分量的主轴回归

# 第 10 章 辐射测量方式对辐射与能量平衡闭合的影响

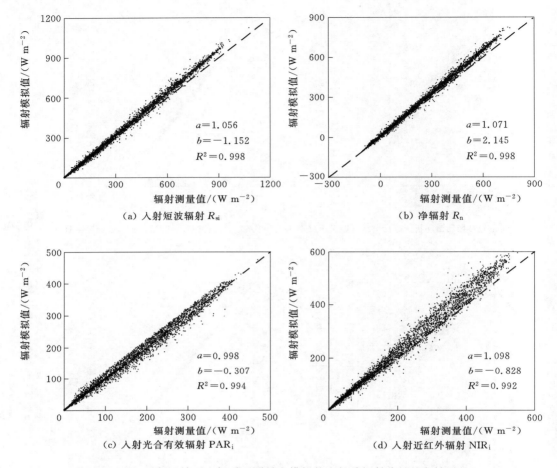

图 10.3 平行于坡面坐标系下测量和模拟的生长季辐射分量的主轴回归

## 10.2 不同天气条件下辐射分量及其反照率

晴天条件下辐射的坡面效应更大（图 10.4）。晴天（7 月 6 日）水平、平行于坡面测量以及将水平测量校正到坡面的 $R_s$、PAR 和 NIR 的日变化的振幅和时滞均存在差异［图 10.4（a）、图 10.4（c）和图 10.4（e）］。但阴天（7 月 13 日）不同安装方式测量的辐射日变化格局类似［图 10.4（b）、图 10.4（d）和图 10.4（f）］。

倾斜安装辐射表增大了日平均反照率，但增大的数量级和日变化轨迹因波段和天气条件而异（图 10.5）。无论天气条件如何，PAR 反照率明显低于 NIR。在晴天条件下，倾斜安装增大了上午和正午 $R_s$ 和 PAR 的反照率，但减小了下午的反照率，进而导致了日变化的不对称［图 10.5（a）和图 10.5（c）］。在阴天条件下，倾斜安装增大了所有辐射分量的全天反照率［图 10.5（b）、图 10.5（d）和图 10.5（f）］。倾斜安装增大了 NIR 反照率，并且不受时间和天气条件影响［图 10.5（e）和图 10.5（f）］。对于日均值，倾斜

10.2 不同天气条件下辐射分量及其反照率

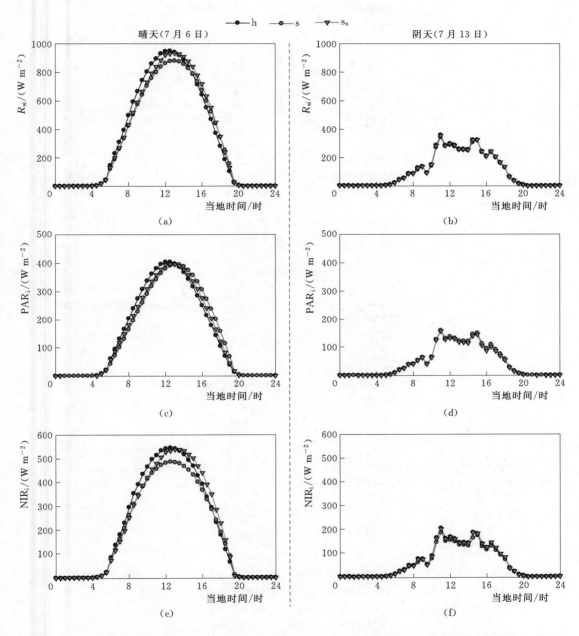

图 10.4　典型晴天（左侧部分）和阴天（右侧部分）条件下水平和平行于坡面安装的辐射表测量的向下太阳短波辐射（$R_s$）、光合有效辐射（PAR）和近红外辐射（NIR）的日变化对比

（图例中 h、s 和 $s_s$ 分别代表水平、平行于坡面安装和倾斜校正。）

安装辐射表测量的 $R_s$、NIR 和 PAR 反照率分别增大了 11%（0.014）、16%（0.031）和 2%，但阴天 $R_s$、PAR 和 NIR 反照率分别增大 9%（0.013）、5%（0.002）和 15%（0.034）。

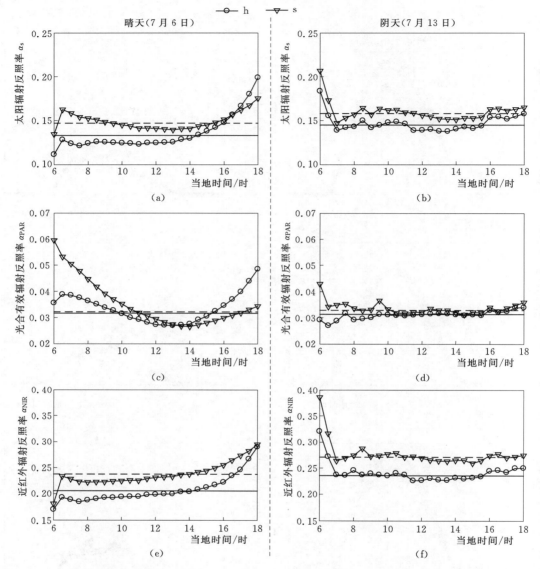

图 10.5 典型晴天（左侧部分）和阴天（右侧部分）条件下水平和平行于坡面安装的辐射表测量的太阳短波辐射（$R_s$）、光合有效辐射（PAR）和近红外辐射（NIR）反照率的日变化对比

(h 和 s 代表水平和平行于坡面安装。实线和虚线分别代表水平和平行于坡面安装的辐射表的平均日变化。)

## 10.3 能量平衡闭合

倾斜安装辐射表测量 $R_n$ 或者将水平测量进行地形校正提高了湍流能量通量（H+LE）与有效能量（$R_n - G_0$）的一致性 [图 10.6 (a) 和图 10.6 (b)]。提高程度最大（大于 60 W m$^{-2}$）的时刻出现在 11:00。倾斜安装辐射表和水平测量进行倾斜校正均减小了湍流能量通量与有效能量之间的时滞［图 10.6（c）和图 10.6（d）］，但直接倾斜测量得到的 EBC 比后者更好。MA 回归表明，倾斜安装辐射表导致 $R^2$ 增大 2.9%，斜率增大 7.3%（从 0.679 到 0.751，表 10.1）。倾斜校正的 $R_n$ 仅提高 MA 斜率 2.1%。直接倾斜测量和地形校正后 EBR 分别提高了 8.3% 和 1.4%。

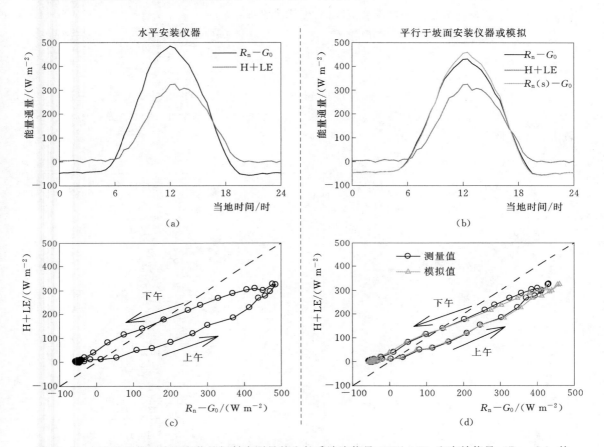

图 10.6　水平和平行于坡面安装的辐射表测量的生长季湍流能量（H+LE）和有效能量（$R_n-G_0$）的平均日变化格局［图 10.6（a）和图 10.6（b）］以及对应的滞后曲线［图 10.6（c）和图 10.6（d）］
（$R_n$、$G_0$、H 和 LE 分别为净辐射、土壤热通量、感热通量和潜热通量。）

表 10.1　水平和平行于坡面安装的辐射表测量的湍流能量（H+LE）和有效能量（$R_n-G_0$）的主轴回归（强制截距为 0）

| 变量 | $R^2$ | 斜率 | EBR |
| --- | --- | --- | --- |
| (H+LE) VS ($R_{n,h}-G_0$) | 0.856 | 0.679 | 0.774 |
| (H+LE) VS ($R_{n,s}-G_0$) | 0.882 | 0.757 | 0.857 |
| (H+LE) VS ($R_n(s)-G_0$) | 0.883 | 0.699 | 0.788 |

注　$R_n$、$G_0$、H 和 LE 分别为净辐射、土壤热通量、感热通量和潜热通量。EBR 为能量平衡闭合比率。所有回归模型均极显著（$n=5220$，$P<0.001$）。

## 10.4 白天 NEE 的光响应

前面已经发现水平与平行于坡面安装的辐射表测量的 $PAR_i$ 存在明显时滞，下面检验白天 NEE 的光响应曲线是否存在差异。考虑到时滞和偏差的上下午差异［图 10.1 (d)］，分为上午（11：30 及其以前）和下午（12：00 及其以后）分析光响应曲线。置信区间表明，上午 $P_{max}$ 显著小于下午 $P_{max}$（95% 置信区间不重合），水平安装辐射表计算的后者为前者的 1.53 倍，倾斜辐射表计算的下午则为上午的 2.17 倍（图 10.7）。尽管上午与下午的光响应参数没有显著差异（95% 置信区间重合），上午与下午倾斜安装辐射表计算的 $P_{max}$ 分别为水平安装辐射表计算的 1.11 倍和 1.58 倍；而 $R_d$ 则为上午水平辐射表计算的较大，下午倾斜辐射表计算的较大（图 10.7）。

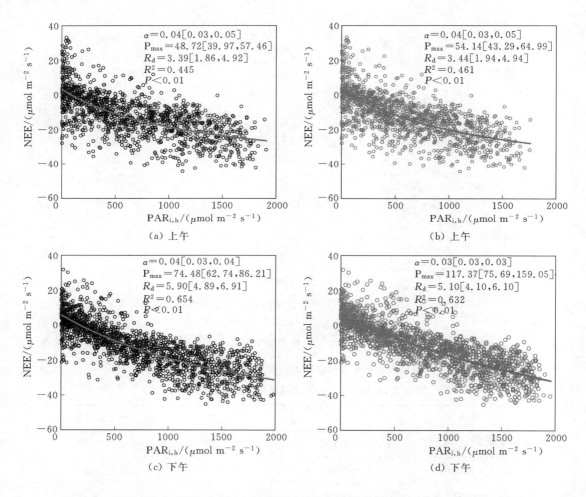

图 10.7 生长季白天 NEE 对水平和平行于坡面安装的辐射表测量的光合有效辐射的响应
（$PAR_{i,h}$ 和 $PAR_{i,s}$ 分别代表水平和倾斜安装辐射表测量的入射 PAR。方括号中给出了 95% 置信区间。）

## 10.5 讨论

### 10.5.1 辐射表安装方式对测量山地辐射分量的影响

本书辐射表安装方式对 $R_{si}$ 的影响大于 $R_{Li}$（图 10.1），与先前研究结果一致[191,198]。进一步拆分发现辐射表安装方式对 PAR 和 NIR 的日平均值和时滞有不同的影响（图 10.1）。由于本站方位角较大（116°，以南为参照），因此倾斜测量的入射 PAR 有较大的相位偏移。但由于坡度较小（9°），导致早上的下调作用和下午的上调作用相互抵消，因此 $PAR_i$ 总量仅减小 1.5%（图 10.2）。与此相反，$NIR_i$ 的总量减小了 10%，但其相位变化很小 [图 10.2（i）]。由于 PAR 和 NIR 生态学功能的差异，在复杂地形下，辐射收支和生态系统碳水循环模拟应该考虑入射 $R_s$ 及其分量日变化的不对称性[288]。上午，东坡接收辐射高于西坡，而下午相反，这导致水平辐射表造成东西坡辐射的相反误差。

由于郁闭冠层的 $R_s$ 反照率较低 [约 0.15，图 10.5（a）和图 10.5（d）]，水平与平行于坡面测量的反射 $R_s$ 差异很小 [4%，图 10.2（d）]，辐射表安装方式对 $R_n$ 的影响很小（<1%）。假定 $R_{so}$ 各向同性对于大部分 EC 站点来说是可以接受的，但这种影响可能随坡度的增大而增大[198]。

辐射表安装对 $R_L$ 的影响与 $R_s$ 不同。早上 $R_{Li}$ 的减小可能是由于山谷的西侧壁遮挡了部分入射辐射，而下午和夜间，对面山坡较高的温度完全抵消了天空视野因子降低的效应，因此倾斜辐射表比水平辐射表接收的 $R_L$ 更多[192,197,289]。两种安装方式的辐射表测量的 $R_{Lo}$ 差异很小 [图 10.2（f）][192,198]，表明辐射表安装方式对 $R_{Lo}$ 的影响可以忽略。

倾斜校正后的 $R_s$ 或 $R_n$ 相对于水平测量的相位变化取决于坡向[194]。西坡相位偏移最大的时间出现在午后[183,191,197,203]，而东坡出现在午前[192,198,202]。由于 $R_{si}$ 是 $R_n$ 的主导因子（图 10.2）[194,197]，并且受坡度影响最大（图 10.3）。仅考虑地形对入射 $R_s$ 的影响可能会得到合理的结果，但在陡坡上可能会造成偏差[183]。

将水平测量值进行倾斜校正后，$R_{si}$ 和 $R_n$ 偏差降低了 1/4，但 $NIR_i$ 偏差仅降低 16%（图 10.1 和图 10.3）。主要是因为：①简单的经验模型存在很大的误差（20%～30%）[191,290,291]。②将散射辐射校正到坡面忽略了天空和周围地形所占的比例，并且假定天空散射和反射辐射都是各向同性[232]过于简单而不能精确模拟日变化格局[292]。③由于 $PAR_i$ 在所有天气状况均采用同一个转换因子 0.2195J $\mu mol^{-1}$[231]对于半小时尺度可能会引入不确定性。利用经验模型从模拟的散射 $R_i$ 中拆分 PAR 可能会因为误差传递而引入更大的不确定性。但不同的散射 PAR 拆分模型结果类似（附录 H）。④用 $R_s$ 减去 PAR 得到 NIR 也可能会因为误差传递而引入更大的不确定性。尽管存在这些误差，但将 $R_s$ 拆分成 PAR 和 NIR 仍然是非常必要的。原位测量散射辐射将有助于提高模拟和测量值的一致性[192]。

### 10.5.2 辐射表安装方式对山地辐射反照率测量的影响

很少有研究用平行于坡面的传感器测量或者校准坡面反照率[194,195,198,200]。本书的测量点位于西北坡向的坡面上，辐射表倾斜安装增大了 $R_s$、PAR 和 NIR 的反照率（图

10.4),主要是由入射辐射减少造成的(图 10.2)。

辐射表安装方式对坡面辐射反照率的影响具有重要意义:①尽管各站点反照率的日变化格局不同[293],但当用反照率的日平均值估算小时值时,需要考虑其日变化的不对称性[294]。更重要的是,用水平测量的反照率来验证复杂地形区域的模拟值或遥感产品可能会存在偏差。②不同波段和天气条件反照率的差异影响反照率和能量收支模拟。NIR 反照率高于 PAR 表明,模拟生态系统功能和过程时非常有必要将 $R_s$ 拆分成 2 个波段。同样,阴天反照率比晴天更高也表明应该将 $R_s$ 拆分成直射和散射辐射[293,295]。

### 10.5.3 辐射表安装方式对山地能量平衡闭合测量的影响

能量不平衡是森林站普遍存在的问题。考虑辐射表安装方式对 $R_n$ 的影响后,帽儿山站生长季的最高 EBR(0.86)与 FLUXNET 整合分析报道的结果(173 个站的平均 EBR 为 0.84,88 个森林站的平均 EBR 为 0.83)[43]接近。而 2011 全年未考虑地形对 $R_n$ 影响的 EBR(0.69)与落叶林站的平均值(0.70)[43]接近。倾斜测量 $R_n$(图 10.3)[183,191]或者仅校正 $R_{si}$[203,204]均减小了有效能量和湍流能量之间的时滞,并且提高了两者的一致性,但倾斜测量 $R_n$ 的效果更好(图 10.6 和表 10.1)。另外,造成 EBR 不平衡的其他原因可能是忽略了储存通量[42]、平均周期不足造成低频协方差的低估[26]、地形或植被的空间异质性[43]引起的平流或者中尺度环流[296]的影响、或者是低估了影响湍流能量通量估算的 $w$ 脉动[282]。然而,在森林生态系统中,生物量中的能量储存测量非常困难;与 $R_n$ 相比,$G_0$ 对于郁闭的森林冠层的有效能量的贡献很小。

是否存在一个关键性的因素驱动各站点坡度对 EBR 的影响呢?为了回答这一问题,我们收集了所有已发表数据(目前包括本站在内仅 10 个点,表 10.2)。我们发现坡面效应取决于坡度和坡向。理论上讲,水平安装高估北坡生态系统的有效能量(表 10.1)[204],而南坡被低估。坡面校正减小了南坡 EBR,增大了北坡 EBR(表 10.2)。南坡与北坡的坡面效应的差异与理论推断一致[183,204]。然而,考虑地形对 $R_n$ 或 $R_{si}$ 的影响可能增大或减小 EBC(最小二乘回归斜率),这可能是受到线性回归截距的大幅度减小的干扰(表 10.2)。我们建议,用强制截距为 0 的回归斜率[42]或者 EBR 评估 EBC[43]。

表 10.2　文献中各站点校正水平测量辐射对能量平衡闭合的影响对比

| 站点 | 植被类型 | 坡向 | 坡度/(°) | ΔEBC | Δb/(W m$^{-2}$) | Δ$R^2$ | ΔEBR | EBR* | 参考文献 |
|---|---|---|---|---|---|---|---|---|---|
| Kaserstattalm, Austria | 草地 | ESE (116°) | 24 | −5% | −38 | 14% | −25% | 0.73 | [202] |
| Crap Alv, Switzerland | 草地 | SSW (205°) | 25 | 8% | −60 | 17% | −24% | 0.84 | [203] |
| Venosta Valley, Italy | 草地 | WSW (255°) | 24 | 3% | −9.3 | 8% | −34% | 0.98 | [191] |
| Sierra Nevada National Park, Spain | 草地 | SW (227°) | 10 | −8% | −28 | 19% | −19% | 1.32 | [183] |
| Bílý Kříž, Czech Republic | 森林 | SSW | −13 | −11% | | 4% | −13% | 0.91 | [297] |

## 10.5 讨论

续表

| 站　点 | 植被类型 | 坡向 | 坡度/(°) | ΔEBC | Δb/(W m$^{-2}$) | Δ$R^2$ | ΔEBR | EBR* | 参考文献 |
|---|---|---|---|---|---|---|---|---|---|
| Rájec，Czech Republic | 森林 | NEE | 5 | 1% | | 0% | 0 | 0.82 | [297] |
| Štítná，Czech Republic | 森林 | WSW | −10 | 05% | | 2% | −7% | 0.86 | [297] |
| Maoershan，China | 森林 | WNW (296°) | 9 | 8% | −1.7 | 4% | 8% | 0.71 | 本书 |
| Kamech catchment A，Tunisia | 农田 | SE | 8 | | | | −11% | 0.73 | [204] |
| Kamech catchment C，Tunisia | 农田 | NW | 5 | | | | 12% | 0.61 | [204] |

注　ΔEBC，Δ$b$ 和 Δ$R^2$ 分别为考虑坡面影响后的湍流能量通量（H+LE）和有效能量（$R_n-G_0$）的最小二乘回归斜率、截距和 $R^2$ 的变化量。EBR 为能量平衡闭合比率。Kamech catchment A 和 Kamech catchment C 站的数值为基于净辐射变化量的估计值。* 为坡面校正后的 EBR。所有数据的测量时间为 1~5 个月。

此外，通过综合 10 个站点的数据，我们发现辐射倾斜校正后 EBR 的改变量（ΔEBR）与坡度呈线性关系（图 10.8），表明坡面地形对 EBR 有显著影响：①回归斜率表明，坡度每增加 1°，EBR 的敏感度为 1.08%，这对于平均 EBR（0.84）[43] 来说相当大；②截距接近于 0 表明了平坦地形的无偏估计；③线性模型 $R^2$（0.73）并不是很高，可能是由粗略分为南坡和北坡、坡度校正的不确定性较大（如本书结果表 10.1 所示）、坡面校正和平行于坡面测量混用共同导致。尽管如此，考虑 EBR 对坡度的高度敏感性，我们建议平行于坡面安装辐射表测量坡面 $R_n$，或者至少应该校正 $R_{si}$。辐射的坡面校正可能受地形起伏的影响，但复杂地形同样违反了涡度相关的均匀地形的基本假设。Wohlfahrt 等[191] 报道，考虑坡度和坡向的空间变异对于减少有效

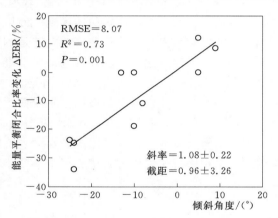

图 10.8　校正坡面对辐射的影响导致的能量平衡闭合比率的改变量（ΔEBR）与坡度的关系

[数据来源于表 10.2。根据 ΔEBR 的变化方向（提高或降低）将南坡倾斜角定义为负值，北坡定义为正值。]

能量和湍流能量之间的时滞、提高两者的一致性与采用平均坡度和坡向的结果接近。

坡面对 EBR 的影响对坡向的依赖性和对倾斜角度的高度敏感性对涡度通量校正有重要意义。基于对有效和湍流能量不确定性的详细分析，Twine 等[41] 建议将 EBR 调整为 1 计算能量和 $CO_2$ 通量。但是在校正蒸发散[21]、LE[17] 或 $CO_2$[298] 的能量不平衡（湍流能量亏缺或剩余）之前，应该考虑在山地森林地区对 EBR 的坡面效应校正[21]。

### 10.5.4　白天 NEE 光响应的启示

传统的白天 NEE 数据插补和通量拆分，通常采用光响应曲线法、查表法和人工神经

网络法等[44,299,300]。这些方法的基本原理不完全一致，但均假设上午与下午 NEE 对环境因子的响应没有差异。然而，本书发现上午与下午 NEE 光响应曲线的不对称（图 10.7），暗示白天数据插补时，如果上午与下午数据缺失率不对称，则应该分上午与下午采用光响应曲线或其他类似方法插补。Lasslop 等[44]在光响应曲线中增加饱和水汽压亏缺和温度两个变量会大大消除这一效应。

更重要的是，本书发现水平与平行于坡面测量的 $PAR_i$ 存在时滞影响了 NEE 的光响应参数估计（图 10.7）。尽管从 95％置信区间看估计的参数没有显著差异，但 $P_{max}$ 在两种辐射测量方式之间的差异可达 0.58 倍，这不仅会影响生态系统生理参数估计，而且影响生态模型校验，在今后工作中应进一步研究。

## 10.6 本章小结

与水平辐射表相比，倾斜安装辐射表测量的 $R_n$、$R_{sn}$、$R_{si}$ 和 $NIR_i$ 分别减小了 9％、8％、7％和 10％，$PAR_i$ 的相位明显偏移，但数值仅减小了 1.5％。平行于坡面的辐射表测量的 $R_{so}$ 和 $NIR_o$ 分别增大 4％和 5％。辐射表安装方式对 $R_{Li}$ 的影响约 3％，对 $R_{Lo}$ 的影响可以忽略。将水平测量的辐射转换到坡面后，$R_{si}$ 和 $R_n$ 的偏差减小了大约 1/4。倾斜安装辐射表通常会增大日平均反照率，尤其是 NIR。平行于坡面测量 $R_n$ 减小了感热和潜热通量之和与有效能量之间的相位偏移，并且将 EBR 提高了 8％。文献整合表明，坡面对 EBR 的影响依赖于坡向和坡度。坡度每增加 1°，EBR 的误差增加 1.1％，表明在坡面地形校正 $R_n$ 对 EBR 非常重要。坡向偏东或偏西影响辐射相位，水平辐射表低估东坡上午辐射、高估下午辐射，西坡相反。NEE 的光响应参数估计也受到辐射表安装方式的影响，下午 $P_{max}$ 倾斜安装辐射表时可比水平辐射表的高 0.58 倍。通量塔辐射测量和能量平衡相关研究，采用平行于坡面方式优先于水平安装后校正。

# 附 录

## 附录 A  不同研究中估算储存通量的垂直廓线设计比较

| 来源 | $H_c$/m | $H$/m | 廓线水平 ($H_下/H_上$) | 循环时间/s | 有效率/% | 廓线 VS EC |
|---|---|---|---|---|---|---|
| 文献[111] | 20 | 32 | 12 (0.15, 0.3, 0.61, 0.91, 1.52, 3.05, 6.1, 9.14, 12.19, 16.76, 22.86, 30.48) | 720 | 8 | EC 低估 |
| 文献[129] | 22 | 40 | 8 (0.8, 2.3, 9.5, 15.7, 18.8, 21.9, 25, 34.2) | 900 | 53 | EC 低估 |
| 文献[130] | 35 | 55.5 | 6 (0.2, 2.0, 8.0, 16.0, 32.0, 55.5) | 1800 | 60 | EC 低估 |
| 文献[124] | 35 | 48.8 | 7/8 (0.5, 1, 4, 10.2, 16.3, 36.5, 48.8/69) | 240 | 17 | EC 低估 |
| 文献[92] | 26 | 40 | 5/7 (2.5, 8, 22, 26, 32/50, 60) | 60 | 47 | EC 低估 |
| 文献[103] | 10.5 | 30 | 4/5 (11, 15, 21, 27/33) | 600 | NA | EC 低估 |
| 本书 | 18 | 36 | 8 (0.5, 2, 4, 8, 16, 20, 28, 36) | 120 | 53 | EC 低估 |
| 文献[301] | 21 | 33.4 | 6/1 (1, 3, 10, 15, 20, 25, 34/45) | NA | NA | 可替代 |
| 文献[302] | 29 | 42 | 5 (1, 4, 12, 20, 28) | NA | NA | 可替代 |
| 文献[122] | 30 | 36 | 4 (2, 17, 23, 30) | NA | NA | 可替代 |
| 文献[128] | 33 | 43.5 | 9 (0.1, 0.3, 1, 2, 5, 10, 20, 30, 40) | NA | NA | 可替代 |
| 文献[62] | 18 | 25 | 10/3 (0.06, 0.4, 1.6, 2.8, 4.8, 8, 15.4, 17, 19, 23/30, 35, 41) | NA | NA | NA |
| 文献[62] | 27~36 | 40 | 8 (0.5, 1, 3, 6, 16, 24, 32, 36) | 200 | NA | NA |
| 文献[62] | 31 | 41 | 6 (1, 2, 4, 8, 16, 32) | 1800 | NA | NA |
| 文献[62] | 27 | 42 | 12 (0.1, 0.3, 0.5, 1, 2, 2.5, 8, 26, 33, 37, 40, 42) | 120 | NA | NA |
| 文献[62] | 12.7 | 22 | 6 (0.2, 0.7, 2, 5.2, 10.4, 22) | 200 | NA | NA |
| 文献[62] | 9.5 | 15 | 6 (0.5, 1, 2, 3, 7, 12) | NA | NA | NA |
| 文献[235] | 10.5 | 29.6 | 5 (1.5, 3, 6, 12, 27) | 600 | 50 | NA |

续表

| 来源 | $H_c$ /m | $H$ /m | 廊线水平（$H_下/H_上$） | 循环时间 /s | 有效率 /% | 廊线 VS EC |
|---|---|---|---|---|---|---|
| 文献[113] | 15.1 | 26 | 5 (2.5, 5, 8.4, 23.5, 26) | 300 | NA | NA |
| 文献[123] | 19 | 28.5 | 5 (0.3, 1, 4, 14, 20) | 150 | 9 | NA |
| 文献[303] | 17 | 26 | 5 (0.4, 2.5, 5, 7.5, 24.4) | 300 | NA | NA |
| 文献[270] | 20~30 | 32 | 4 (1.5, 6, 12, 30) | 360 | NA | NA |
| 文献[62] | 9.5 | 15 | 6 (0.5, 1, 2, 3, 7, 12) | NA | NA | NA |
| 文献[235] | 10.5 | 29.6 | 5 (1.5, 3, 6, 12, 27) | 600 | 50 | NA |
| 文献[113] | 15.1 | 26 | 5 (2.5, 5, 8.4, 23.5, 26) | 300 | NA | NA |
| 文献[123] | 19 | 28.5 | 5 (0.3, 1, 4, 14, 20) | 150 | 9 | NA |
| 文献[217] | 22 | 33 | 9 (0.1, 0.3, 1, 2, 5, 9, 15, 23.8, 30) | NA | NA | NA |
| 文献[217] | 25 | 33 | 7/6 (1.5, 8.5, 13.5, 19, 24.5, 28, 31.7/ 36.9, 43.8, 58.5, 73, 87.5, 100) | NA | NA | NA |
| 文献[4] | 24 | 30 | 8 (0.05, 1, 3, 6, 12, 18, 24, 29) | 1800 | NA | NA |
| 文献[304] | 33 | 47 | 4 (1, 8, 31, 46) | NA | NA | NA |
| 文献[97] | 35 | 54 | 10 (0.2, 0.5, 1, 2, 5, 10, 20, 30, 45, 53) | 300 | 37 | NA |
| 文献[109, 267] | 40 | 53.1 | 6 (0.5, 5.2, 15.6, 28.0, 35.3, 53.1) | 900 | 20 | NA |
| 文献[114] | 40 | 70 | 9 (0.5, 4.6, 10.2, 18.1, 26.3, 34.4, 42.6, 54.4, 70.1) | 300 | NA | NA |
| 文献[305] | 80 | 95 | 5 (2, 5, 10, 20, 45, 75) | 连续 | 100 | NA |
| 文献[273, 306] | 20 | 34 | 4 (1.5, 5, 16, 22) | 连续 | 100 | NA |
| 文献[232] | 26 | 36.9 | 4 (0.75, 10, 18, 36) | 120 | 67 | NA |
| 文献[127] | 17 | 40 | 4 (10, 24, 32, 40) | NA | 80 | NA |
| 文献[105] | 20 | 38 | 7 (1, 7, 11, 17, 23, 30, 38) | 120 | 47 | NA |

注 $H_c$、$H$ 分别表示冠层高度、EC 系统高度。有效率指采样时间占平均周期的百分比。

## 附录 B 普通最小二乘拟合与标准主轴回归比较

本书采用标准主轴（SMA）线性拟合方法[226]而不是普通最小二乘法（OLS）线性回归方法计算储存通量（$F_s$）。OLS 适合用 $x$ 预测 $y$ 或者检验 $x$ 与 $y$ 的关系，但不适合于估计两种方法的差异。下面给出一个案例说明，即采用两种线性回归方法检验 2min 时间窗口（$F_{s\_2min}$）和 30min 时间窗口（$F_{s\_30min}$）的 $F_s$ 之间的关系。利用 OLS 法，如果 $F_{s\_30min}$ 作为自变量，$F_{s\_2min}$ 仅比 $F_{s\_30min}$ 高 4%；但 $F_{s\_2min}$ 作为自变量，$F_{s\_30min}$ 低估 43%。这表明 OLS 回归低估了线性关系的斜率。

# 附录 C 15个 2min $\chi_c$ 的 $F_s$ 的平均值等于 30min 平均 $\chi_c$ 的 $F_s$ 的证明

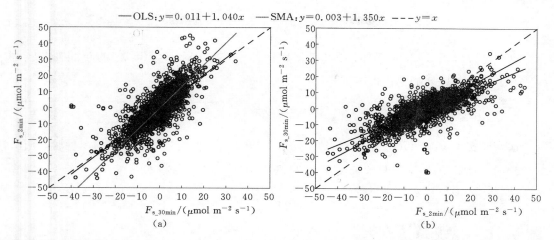

图 B.1 普通最小二乘法（OLS）线性回归与标准主轴（SMA）线性拟合方法评价 2min 时间窗口（$F_{s\_2min}$）和 30min 时间窗口（$F_{s\_30min}$）储存通量的关系

# 附录 C 15个 2min $\chi_c$ 的 $F_s$ 的平均值等于 30min 平均 $\chi_c$ 的 $F_s$ 的证明

对于一个给定的通量平均周期，所有独立窗口（每个完整的廓线循环）平均 $CO_2$ 摩尔混合比（$\chi_c$）计算的储存通量（$F_s$）之平均值，等价于该通量平均周期总体平均 $\chi_c$ 计算的 $F_s$。

基于廓线系统的平均 $\chi_c$ 计算的 $F_s$ 可以重新表达为

$$F_{s\_pi} = \overline{\rho_{di}}(h)\int_0^h \overline{\frac{\partial \chi_{ci}}{\partial t}}dz = \overline{\rho_{di}}(h)\int_0^h \frac{\overline{\chi_{c(i+1)}}-\overline{\chi_{ci}}}{T}dz \quad (C.1)$$

式中：$\rho_{di}$ 代表干空气的摩尔密度，$mol\ m^{-3}$；"$\overline{\phantom{x}}$" 表示平均；（h）表示廓线层厚度；$\chi_c$ 为 $CO_2$ 摩尔混合比，$\mu mol\ m^{-2}\ s^{-1}$；下标 $i$ 表示任意通量平均周期；$T$ 表示通量平均周期长度，1800s。

30min 通量平均周期内 EC 系统下方平均 $\chi_c$ 是 15个 2min 独立窗口平均 $\chi_c$ 的平均值：

$$\overline{\chi_{ci}}(h) = \frac{\sum_{j=1}^{j=15}\chi_{cij}(h)}{15} \quad (C.2)$$

式中：$j$ 为 30min 通量周期中任意 2min 独立窗口序号。

每个 2min 独立窗口平均 $\chi_c$ 的 30min 尺度的 $F_s$（$F_{s\_pij}$）可以表达为

$$F_{s\_pij} = \overline{\rho_{di}}(h)\int_0^h \overline{\frac{\partial \chi_{cij}}{\partial t}}dz = \overline{\rho_{di}}(h)\int_0^h \frac{\overline{\chi_{c(i+1)j}}-\overline{\chi_{cij}}}{T}dz \quad (C.3)$$

又因为：

$$\int_0^h \frac{\overline{\chi_{c(i+1)j}}-\overline{\chi_{cij}}}{T}dz = \int_0^h \frac{\sum_{j=1}^{j=15}(\overline{\chi_{c(i+1)j}}-\overline{\chi_{cij}})}{15T}dz = \int_0^h \frac{\sum_{j=1}^{j=15}\overline{\chi_{c(i+1)j}}-\sum_{j=1}^{j=15}\overline{\chi_{cij}}}{15T}dz$$

$$= \int_0^h \frac{\overline{\chi_{c(i+1)}} - \overline{\chi_{ci}}}{T} dz \tag{C.4}$$

也就是说,15 个 2min $\chi_c$ 的时间变化速率的平均值等于 30min $\chi_c$ 的时间变化速率($\Delta\chi_c/\Delta t$)。因此,我们得出以下方程:

$$\overline{F_{s\_pij}} = \overline{\rho_{di}}(h) \int_0^h \frac{\overline{\chi_{c(i+1)j}} - \overline{\chi_{cij}}}{T} dz = \overline{\rho_{di}}(h) \int_0^h \frac{\overline{\chi_{c(i+1)}} - \overline{\chi_{ci}}}{T} dz = F_{s\_pi} \tag{C.5}$$

这就证实了 15 个 2min $\chi_c$ 的 $F_s$ 的平均值等于 30min 平均 $\chi_c$ 的 $F_s$。SMA 检验表明 15 个 2min $\chi_c$ 的 $F_s$ 的平均值与 30min 平均 $\chi_c$ 的 $F_s$ 几乎完全一致($R^2=1.000$,斜率与 1 差异不显著,截距与 0 差异不显著)与以上推导相符。

## 附录 D 廊线系统配置组合效果

| 评价 | 层数 | 采样高度/m | $R^2$ | 斜率 | 截距 |
|---|---|---|---|---|---|
| 斜率最好 | 1 | 20 | 0.742 | 1.039 [1.031, 1.047] | −0.008 [−0.031, 0.015] |
| | 2 | 20, 36 | 0.661 | 0.913 [0.905, 0.921] | −0.009 [−0.035, 0.017] |
| | 3 | 8, 20, 36 | 0.928 | 0.994 [0.990, 0.998] | −0.001 [−0.014, 0.012] |
| | 4 | 2, 8, 20, 36 | 0.991 | 1.017 [1.015, 1.018] | 0.001 [−0.003, 0.006] |
| | 5 | 0.5, 8, 16, 20, 36 | 0.975 | 0.997 [0.995, 1.000] | 0.001 [−0.006, 0.009] |
| | 6 | 4, 8, 16, 20, 28, 36 | 0.984 | 0.999 [0.998, 1.001] | 0.001 [−0.005, 0.008] |
| | 7 | 2, 4, 8, 16, 20, 28, 36 | 0.997 | 1.002 [1.001, 1.003] | 0.001 [−0.001, 0.004] |
| $R^2$ 最高 | 1 | 16 | 0.797 | 1.112 [1.104, 1.119] | −0.005 [−0.026, 0.016] |
| | 2 | 8, 36 | 0.874 | 1.106 [1.100, 1.112] | −0.002 [−0.020, 0.016] |
| | 3 | 4, 16, 36 | 0.970 | 1.043 [1.040, 1.046] | 0.002 [−0.006, 0.011] |
| | 4 | 2, 8, 20, 36 | 0.991 | 1.017 [1.015, 1.018] | 0.001 [−0.003, 0.006] |
| | 5 | 2, 8, 16, 28, 36 | 0.994 | 1.006 [1.005, 1.007] | 0.002 [−0.002, 0.005] |
| | 6 | 2, 8, 16, 20, 28, 36 | 0.996 | 0.998 [0.997, 0.999] | 0.001 [−0.002, 0.004] |
| | 7 | 0.5, 4, 8, 16, 20, 28, 36 | 0.999 | 0.994 [0.994, 0.995] | 0.001 [0.000, 0.003] |
| 斜率最差 | 1 | 0.5 | 0.248 | 2.734 [2.698, 2.771] | −0.086 [−0.200, 0.027] |
| | 2 | 0.5, 36 | 0.464 | 1.631 [1.613, 1.650] | −0.011 [−0.071, 0.049] |
| | 3 | 0.5, 2, 36 | 0.644 | 1.456 [1.443, 1.470] | −0.002 [−0.045, 0.041] |
| | 4 | 0.5, 2, 4, 36 | 0.774 | 1.330 [1.320, 1.339] | 0.004 [−0.027, 0.035] |
| | 5 | 0.5, 2, 4, 8, 36 | 0.908 | 1.156 [1.151, 1.161] | 0.002 [−0.015, 0.020] |
| | 6 | 0.5, 2, 4, 8, 28, 36 | 0.966 | 1.064 [1.061, 1.067] | 0.002 [−0.008, 0.012] |
| | 7 | 0.5, 2, 4, 16, 20, 28, 36 | 0.982 | 1.024 [1.022, 1.026] | 0.002 [−0.005, 0.008] |
| $R^2$ 最低 | 1 | 0.5 | 0.248 | 2.734 [2.698, 2.771] | −0.086 [−0.200, 0.027] |
| | 2 | 0.5, 36 | 0.464 | 1.631 [1.613, 1.650] | −0.011 [−0.071, 0.049] |

续表

| 评价 | 层数 | 采样高度/m | $R^2$ | 斜率 | 截距 |
|---|---|---|---|---|---|
| | 3 | 0.5, 28, 36 | 0.590 | 1.344 [1.331, 1.357] | −0.003 [−0.046, 0.040] |
| | 4 | 16, 20, 28, 36 | 0.736 | 0.926 [0.919, 0.934] | −0.002 [−0.026, 0.022] |
| | 5 | 0.5, 16, 20, 28, 36 | 0.845 | 1.059 [1.053, 1.065] | 0.001 [−0.019, 0.022] |
| | 6 | 0.5, 2, 16, 20, 28, 36 | 0.941 | 1.041 [1.037, 1.045] | 0.001 [−0.011, 0.014] |
| | 7 | 0.5, 2, 4, 16, 20, 28, 36 | 0.982 | 1.024 [1.022, 1.026] | 0.002 [−0.005, 0.008] |

注 以8层廓线为基准评价的系统偏差最小（斜率最接近1）、有效性最高（$R^2$最高）、系统偏差最大（斜率于1偏离最大）、有效性最低（$R^2$最低）$CO_2$浓度廓线垂直配置。给出了斜率和截距以及95%置信区间。所有拟合直线均极显著（$P<0.001$）。

# 附录 E 辐射转换模型

将水平测量的入射太阳辐射（$R_{si,h}$）转换为倾斜入射辐射（$R_{si,s}$）的简单模型：

$$R_{si,s} = R_{sb,s} + R_{sd,s} \tag{E.1}$$

式中：$R_{sb,s}$ 和 $R_{sd,s}$ 分别为坡面接收的直射和散射 $R_{si}$。

$$R_{sb,s} = R_{sb,h} \left( \frac{\cos\phi}{\cos Z} \right) \tag{E.2}$$

式中：等式右边的比值项为直射辐射的转换因子；$\phi$为太阳入射光线与坡面法线的夹角；$Z$为太阳天顶角；$\phi$和$Z$的计算过程见附录F。

假定坡面太阳散射（$R_{sd,s}$）与水平测量的太阳散射辐射（$R_{sd,h}$）相等[307]，我们用第一作者的姓将这种方法定义为 $H_{AM}$。Liu 和 Jordan[232] 提供了一种考虑天空视野因子和地表反照率（$\alpha_s$）的各向同性模型来估算 $R_{sd,s}$：

$$R_{sd,s} = R_{sd,h} \left( \frac{1+\cos i}{2} \right) + R_{si,h} \alpha_s \left( \frac{1-\cos i}{2} \right) \tag{E.3}$$

式中：$i$ 表示坡度。

我们将这种方法定义为 $L_{IU}$。

入射光合有效辐射（$PAR_{i,s}$）的模拟方法与 $L_{IU}$ 模拟 $R_{si,s}$ 的方法相同。入射近红外辐射（$NIR_{i,s}$）由 $R_{si,s}$ 和 $PAR_{i,s}$ 的差值得到。

假定坡面和水平面的反射辐射量相等，坡面净太阳辐射（$R_{sn,s}$）、净光合有效辐射（$PAR_{n,s}$）和净近红外辐射（$NIR_{n,s}$）的计算过程分别为

$$R_{sn,s} = R_{si,s} - R_{so,h} \tag{E.4}$$

$$PAR_{n,s} = PAR_{i,s} - PAR_{o,h} \tag{E.5}$$

$$NIR_{n,s} = NIR_{i,s} - NIR_{o,h} \tag{E.6}$$

假定坡面（$L_{n,s}$）和水平面（$L_{n,h}$）的净长波辐射相等，那么坡面净全辐射（$R_{n,s}$）由 $R_{sn,s}$ 和 $L_{n,h}$ 相加得到：

$$R_{n,s} = R_{sn,s} + L_{n,h} \tag{E.7}$$

然后，我们将水平测量的 $R_{si}$ 拆分成直射（$R_{sb,h}$）和散射（$R_{sd,h}$）组分。由于大部分站点没有测量这两个组分，因此需要用经验模型来估计（附录H）。

## 附录F 太阳和地形几何

太阳天顶角（$Z$）的计算如下：

$$\cos Z = \sin\theta\sin\delta + \cos\theta\cos\delta\cos h \tag{F.1}$$

式中：$\theta$ 表示地理纬度；$\delta$ 为太阳赤纬角；$h$ 为时角。除特殊说明外，所有角度均为弧度角。$\delta$ 和 $h$ 的计算如下[307]：

$$\delta = 0.409\sin\left(\frac{2\pi}{365}N - 1.39\right) \tag{F.2}$$

$$h = (12 - t_{\text{solar}})\frac{\pi}{12} \tag{F.3}$$

式中：$N$ 代表日序数；$t_{\text{solar}}$ 为真太阳时，h。计算式为

$$t_{\text{solar}} = \text{LST} + \frac{E}{60} + \frac{\text{SM} - \text{LOB}}{15} \tag{F.4}$$

式中：$LST$ 为地方标准时间，时；$E$ 为时差，min。

$$E = 9.87\sin(2B) - 7.53\cos B - 1.5\sin B \tag{F.5}$$

$$B = \frac{2\pi}{364}(N - 81)$$

SM 代表当地时区的中央经线[单位为（°），帽儿山站的中央经线为135°]，LOB 为观测地点的经度[单位为（°），帽儿山站的经度为127.67°]。

入射角 $\phi$ 的计算如下：

$$\cos\phi = \cos Z\cos i + \sin Z\sin i\cos(A_s - A) \tag{F.6}$$

式中：$A_s$ 和 $A$ 分别代表太阳方位角和坡向。

$$\cos A_s = \frac{\sin\theta\cos Z - \sin\delta}{\cos\theta\sin Z} \tag{F.7}$$

$A_s$ 是以真南方向为0的正值，因此在正午之前应该转换为负值，而正午以后为正值。$A$ 同样代表偏离真南方向的角度（116°）。

## 附录G 直射和散射辐射拆分

太阳辐射晴空指数（$k_t$）为 $R_{\text{si,h}}$ 与大气层外太阳辐射（$R_a$）的比值：

$$k_t = \frac{R_{\text{si,h}}}{R_a} \tag{G.1}$$

$$R_a = G_{\text{sc}}\left[1 + 0.033\cos\left(\frac{2\pi}{365}N\right)\right]\cos Z \tag{G.2}$$

式中：$G_{\text{sc}}$ 为太阳常数，1367W m$^{-2}$；$N$ 为日序数；$Z$ 为太阳天顶角。

PAR 晴空指数（$k_{\text{tp}}$）为 $\text{PAR}_{\text{i,h}}$ 与大气层外 PAR 的比值：

$$k_{\text{tp}} = \frac{\text{PAR}_{\text{i,h}}}{0.388R_a} \tag{G.3}$$

PAR 占 $R_s$ 的比例大约为 0.388[288]。

第一个散射太阳辐射比例（$k_{dt}=R_{sd,h}/R_{si,h}$）的模型为 $S_{PITTERS}$模型[234]：

$$k_{dt}=1 \quad k_t \leqslant 0.20 \tag{G.4a}$$

$$k_{dt}=1-6.4(k_t-0.22)^2 \quad 0.20<k_t \leqslant 0.35 \tag{G.4b}$$

$$k_{dt}=1.47-1.66k_t \quad 0.35<k_t \leqslant K \tag{G.4c}$$

$$k_{dt}=0.847-1.61\cos(Z)+1.04\cos^2(Z) \quad k_t>K \tag{G.4d}$$

$$K=\{1.47-[0.847-1.61\cos(Z)+1.04\cos^2(Z)]\}/1.66$$

我们还选择了一个更复杂但应用更广泛的 $k_{dt}$ 模型，即 $R_{EINDL}$ 模型[308]：

$$k_{dt}=1-0.232k_t+0.0239\cos Z-0.000682T_a+0.0195RH$$
$$k_t<0.3 \quad k_{dt}<1.0 \tag{G.5a}$$

$$k_{dt}=1.329-1.716k_t+0.267\cos Z-0.00357T_a+0.106RH$$
$$0.3<k_t<0.78 \quad 0.1 \leqslant k_{dt} \leqslant 0.97 \tag{G.5b}$$

$$k_{dt}=0.426k_t-0.256\cos Z+0.00349T_a+0.0734RH$$
$$k_t \geqslant 0.78 \quad k_{dt} \geqslant 0.1 \tag{G.5c}$$

式中：$T_a$ 和 RH 分别为空气温度（℃）和相对湿度，范围为 0~1，本书用 HMP45C（Vaisala, Finland）测量。

Spitter 等[234]还提供了散射 PAR 的比例（$k_{dP}$）模型（$S_{PITTERS}$）：

$$k_{dP}=[1+0.3(1-k_{dt}^2)]CF \tag{G.6}$$

$$CF=\frac{k_{dt}}{1+(1-k_{dt}^2)\cos^2 Z \cos^3(\pi/2-Z)} \tag{G.7}$$

第二个直接模拟散射 PAR 的比例（$k_{dP}$）的模型为 $J_{ACOVIDES}$模型[309]：

$$k_{dP}=0.98 \quad k_{tP} \leqslant 0.06 \tag{G.8a}$$

$$k_{dP}=0.97+0.256k_{tP}-3.33k_{tP}^2+2.42k_{tP}^3 \quad 0.06<k_{tP}<0.86 \tag{G.8b}$$

$$k_{dP}=0.276 \quad k_{tP} \geqslant 0.86 \tag{G.8c}$$

第三种模拟散射 PAR 的模型为 $A_{LADOS}$模型。该模型根据散射太阳辐射中 PAR 的比例（$PAR_{d,h}/R_{sd,h}$）来估计散射 $PAR^{[233]}$：

$$\frac{PAR_{d,h}}{R_{sd,h}}=0.2195(2.282-0.78\Delta+0.067\ln\varepsilon+0.007T_d) \tag{G.9}$$

PAR 转化为能量通量密度（W m$^{-2}$）的转换系数为 0.2195 J $\mu$mol$^{-1[231]}$。$\varepsilon$ 为天空晴朗度，$\Delta$ 为天空亮度，$T_d$ 为露点（℃）：

$$\varepsilon=\frac{\dfrac{R_{si,h}}{R_{sd,h}}+1.041\theta^3}{1+1.041\theta^3} \tag{G.10}$$

$$\Delta=R_{d,h}/R_a \tag{G.11}$$

$$T_d=\frac{c\ln\dfrac{e}{a}}{b-\ln\dfrac{e}{a}} \tag{G.12}$$

其中 $a$、$b$ 和 $c$ 分别为 0.611、17.502 和 240.97[307]。本书中蒸汽压 $e$（kPa）用 HMP45C（Vaisala, Finland）测量。

# 附录 H  坡面辐射模拟的关键结果

本书对比了以上列举的坡面入射辐射模拟的多种方法与直接利用倾斜辐射表测量入射辐射（表 H.1）。不同模型的模拟结果非常接近。但是对于 $R_{si,s}$，$R_{EINDL}$ 散射拆分模型与 $L_{IU}$ 的坡面转换模型相结合的结果略优于其他模型。因此在下面的模拟中我们采用了 $L_{IU}$ 的转换模型。对于 $PAR_{i,s}$、$S_{PITTERS}$ 和 $A_{LADOS}$ 模型结合的模拟结果略优于其他模型，并且与 $R_{EINDL}$ 和 $A_{LADOS}$ 模型结合的结果非常接近。考虑 $R_{EINDL}$ 模型比 $S_{PITTERS}$ 模型更复杂，我们最后选择 $S_{PITTERS}$ 模型拆分太阳辐射，用 $A_{LADOS}$ 模型拆分光合有效辐射用 $L_{IU}$ 模型转换到坡面。

表 H.1　　测量和模拟的坡面入射辐射的主轴回归分析

| 变量 | $R_{sd}$ 模型 | $PAR_d$ 模型 | 转换模型 | $R^2$ | 斜率 | 截距 |
| --- | --- | --- | --- | --- | --- | --- |
| $R_{si,s}$ | $S_{PITTERS}$ |  | $H_{AM}$ | 0.998 | 1.036 | −2.494 |
| $R_{si,s}$ | $S_{PITTERS}$ |  | $L_{IU}$ | 0.998 | 1.034 | −2.645 |
| $R_{si,s}$ | $R_{EINDL}$ |  | $L_{IU}$ | 0.988 | 1.029 | −5.172 |
| $PAR_{i,s}$ |  | $S_{PITTERS}$ | $L_{IU}$ | 0.994 | 0.979 | −0.714 |
| $PAR_{i,s}$ |  | $J_{ACOVIDES}$ | $L_{IU}$ | 0.994 | 0.979 | −1.159 |
| $PAR_{i,s}$ | $S_{PITTERS}$ | $A_{LADOS}$ | $L_{IU}$ | 0.992 | 0.983 | −1.549 |
| $PAR_{i,s}$ | $R_{EINDL}$ | $A_{LADOS}$ | $L_{IU}$ | 0.992 | 0.971 | −1.995 |
| $NIR_{i,s}$ | $S_{PITTERS}$ | $S_{PITTERS}$ | $L_{IU}$ | 0.991 | 1.075 | −1.896 |
| $NIR_{i,s}$ | $S_{PITTERS}$ | $J_{ACOVIDES}$ | $L_{IU}$ | 0.992 | 1.075 | −1.432 |
| $NIR_{i,s}$ | $R_{EINDL}$ | $J_{ACOVIDES}$ | $L_{IU}$ | 0.961 | 1.072 | −4.629 |
| $NIR_{i,s}$ | $S_{PITTERS}$ | $A_{LADOS}$ | $L_{IU}$ | 0.954 | 1.073 | −4.669 |
| $NIR_{i,s}$ | $R_{EINDL}$ | $A_{LADOS}$ | $L_{IU}$ | 0.978 | 1.071 | −3.141 |

注　$R_{si,s}$、$PAR_{i,s}$ 和 $NIR_{i,s}$ 分别为入射太阳辐射、光合有效辐射和近红外辐射。直射和散射辐射拆分模型见附录 G，辐射转换模型见附录 E。

# 参 考 文 献

[1] Baldocchi D D, Meyers T P. Turbulence structure in a deciduous forest. Boundary-Layer Meteorology, 1988, 43 (4): 345-364.
[2] Baldocchi D. Measuring fluxes of trace gases and energy between ecosystems and the atmosphere-the state and future of the eddy covariance method. Global Change Biology, 2014, 20 (12): 3600-3609.
[3] Baldocchi D D. Assessing the eddy covariance technique for evaluating carbon dioxide exchange rates of ecosystems: past, present and future. Global Change Biology, 2003, 9 (4): 479-492.
[4] Wofsy S, Goulden M, Munger J, et al. Net exchange of $CO_2$ in a mid-latitude forest. Science, 1993, 260 (5112): 1314-1317.
[5] Aubinet M, Grelle A, Ibrom A, et al., 2000. Estimates of the Annual Net Carbon and Water Exchange of Forests: The EUROFLUX Methodology. In: A. H. Fitter, D. G. Raffaelli (Editors), Advances in Ecological Research. Academic Press, pp. 113-175.
[6] Baldocchi D, Falge E, Gu L, et al. FLUXNET: A new tool to study the temporal and spatial variability of ecosystem-scale carbon dioxide, water vapor, and energy flux densities. Bulletin of the American Meteorological Society, 2001, 82 (11): 2415-2434.
[7] 于贵瑞, 孙晓敏. 陆地生态系统通量观测的原理与方法. 北京: 高等教育出版社, 2006.
[8] Xiao J, Sun G, Chen J, et al. Carbon fluxes, evapotranspiration, and water use efficiency of terrestrial ecosystems in China. Agricultural and Forest Meteorology, 2013, 182-183: 76-90.
[9] Yu G R, Zhu X J, Fu Y L, et al. Spatial patterns and climate drivers of carbon fluxes in terrestrial ecosystems of China. Global Change Biology, 2013, 19 (3): 798-810.
[10] Baldocchi D D, Hincks B B, Meyers T P. Measuring biosphere-atmosphere exchanges of biologically related gases with micrometeorological methods. Ecology, 1988, 69 (5): 1331-1340.
[11] Aubinet M, Vesala T, Papale D. Eddy covariance: a practical guide to measurement and data analysis. Springer, 2012: 438.
[12] Baldocchi D. 'Breathing' of the terrestrial biosphere: lessons learned from a global network of carbon dioxide flux measurement systems. Australian Journal of Botany, 2008, 56 (1): 1-26.
[13] Burba G. Eddy covariance method for scientific, industrial, agricultural and regulatory applications: a field book on measuring ecosystem gas exchange and areal emission rates. LI-COR Biosciences, Lincoln, 2013: 311.
[14] Valentini R, Matteucci G, Dolman A J, et al. Respiration as the main determinant of carbon balance in European forests. Nature, 2000, 404 (6780): 861-865.
[15] Wang X, Wang C, Yu G. Spatio-temporal patterns of forest carbon dioxide exchange based on global eddy covariance measurements. Science in China Series D: Earth Sciences, 2008, 51 (8): 1129-1143.
[16] Beer C, Reichstein M, Tomelleri E, et al. Terrestrial gross carbon dioxide uptake: Global distribution and covariation with climate. Science, 2010, 329 (5993): 834-838.
[17] Jung M, Reichstein M, Margolis H A, et al. Global patterns of land-atmosphere fluxes of carbon dioxide, latent heat, and sensible heat derived from eddy covariance, satellite, and meteorological

observations. Journal of Geophysical Research: Biogeosciences, 2011, 116 (G3): doi: 10.1029/2010JG001566.

[18] Ballantyne A, Alden C, Miller J, et al. Increase in observed net carbon dioxide uptake by land and oceans during the past 50 years. Nature, 2012, 488 (7409): 70-72.

[19] Keenan T F, Hollinger D Y, Bohrer G, et al. Increase in forest water-use efficiency as atmospheric carbon dioxide concentrations rise. Nature, 2013, 499 (7458): 324-327.

[20] Xia J, Niu S, Ciais P, et al. Joint control of terrestrial gross primary productivity by plant phenology and physiology. Proceedings of the National Academy of Sciences of the United States of America, 2015, 112 (9): 2788-2793.

[21] Jung M, Reichstein M, Ciais P, et al. Recent decline in the global land evapotranspiration trend due to limited moisture supply. Nature, 2010, 467 (7318): 951-954.

[22] Keenan T F, Prentice I C, Canadell J G, et al. Recent pause in the growth rate of atmospheric $CO_2$ due to enhanced terrestrial carbon uptake. Nature Communications, 2016, 7: 13428.

[23] Jung M, Reichstein M, Schwalm C R, et al. Compensatory water effects link yearly global land $CO_2$ sink changes to temperature. Nature, 2017, 541 (7638): 516-520.

[24] Baldocchi D, Chu H, Reichstein M. Inter-annual variability of net and gross ecosystem carbon fluxes: A review. Agricultural and Forest Meteorology, 2018, 249: 520-533.

[25] Foken T, Aubinet M, Leuning R. The eddy covariance method. In: Aubinet M., Vesala T., Papale D. (Editors). Eddy Covariance: a practical guide to measurement and data analysis. Springer, 2012: 1-19.

[26] Finnigan J, Clement R, Malhi Y, et al. A re-evaluation of long-term flux measurement techniques part I: averaging and coordinate rotation. Boundary-layer meteorology, 2003, 107 (1): 1-48.

[27] Gu L, Massman W J, Leuning R, et al. The fundamental equation of eddy covariance and its application in flux measurements. Agricultural and Forest Meteorology, 2012, 152: 135-148.

[28] 张慧, 申双和, 温学发, 等. 陆地生态系统碳水通量贡献区评价综述. 生态学报, 2012, 32 (23): 7622-7633.

[29] Gamon J A. Optical sampling of the flux tower footprint. Biogeosciences, 2015, 12: 4509-4523.

[30] Aubinet M, Hurdebise Q, Chopin H, et al. Inter-annual variability of Net Ecosystem Productivity for a temperate mixed forest: A predominance of carry-over effects? Agricultural and Forest Meteorology, 2018, 262: 340-353.

[31] Teets A, Fraver S, Hollinger D Y, et al. Linking annual tree growth with eddy-flux measures of net ecosystem productivity across twenty years of observation in a mixed conifer forest. Agricultural and Forest Meteorology, 2018, 249: 479-487.

[32] 王兴昌, 王传宽. 森林生态系统碳循环的基本概念和野外测定方法评述. 生态学报, 2015, 35 (13): 4241-4256.

[33] Campioli M, Malhi Y, Vicca S, et al. Evaluating the convergence between eddy-covariance and biometric methods for assessing carbon budgets of forests. Nature communications, 2016, 7: 13717.

[34] Thomas C K, Martin J G, Law B E, et al. Toward biologically meaningful net carbon exchange estimates for tall, dense canopies: Multi-level eddy covariance observations and canopy coupling regimes in a mature Douglas-fir forest in Oregon. Agricultural and Forest Meteorology, 2013, 173: 14-27.

[35] Speckman H N, Frank J M, Bradford J B, et al. Forest ecosystem respiration estimated from eddy covariance and chamber measurements under high turbulence and substantial tree mortality from bark beetles. Global Change Biology, 2015, 21 (2): 708-721.

[36] Baldocchi D, Finnigan J, Wilson K, et al. On measuring net ecosystem carbon exchange over tall vegetation on complex terrain. Boundary-Layer Meteorology, 2000, 96 (1-2): 257-291.

[37] Sun J, Burns S P, Delany A C, et al. $CO_2$ transport over complex terrain. Agricultural and Forest Meteorology, 2007, 145 (1-2): 1-21.

[38] Belcher S, Finnigan J, Harman I. Flows through forest canopies in complex terrain. Ecological Applications, 2008, 18 (6): 1436-1453.

[39] Metzger S. Surface-atmosphere exchange in a box: Making the control volume a suitable representation for in-situ observations. Agricultural and Forest Meteorology, 2018, 255: 68-80.

[40] Xu K, Metzger S, Desai A R. Surface-atmosphere exchange in a box: Space-time resolved storage and net vertical fluxes from tower-based eddy covariance. Agricultural and Forest Meteorology, 2018, 255: 81-91.

[41] Twine T E, Kustas W P, Norman J M, et al. Correcting eddy-covariance flux underestimates over a grassland. Agricultural and Forest Meteorology, 2000, 103 (3): 279-300.

[42] Leuning R, Van Gorsel E, Massman W J, et al. Reflections on the surface energy imbalance problem. Agricultural and Forest Meteorology, 2012, 156: 65-74.

[43] Stoy P C, Mauder M, Foken T, et al. A data-driven analysis of energy balance closure across FLUXNET research sites: The role of landscape scale heterogeneity. Agricultural and Forest Meteorology, 2013, 171-172: 137-152.

[44] Lasslop G, Reichstein M, Papale D, et al. Separation of net ecosystem exchange into assimilation and respiration using a light response curve approach: critical issues and global evaluation. Global Change Biology, 2010, 16 (1): 187-208.

[45] Wehr R, Munger J W, McManus J B, et al. Seasonality of temperate forest photosynthesis and daytime respiration. Nature, 2016, 534 (7609): 680-683.

[46] Zhu X J, Yu G R, He H L, et al. Geographical statistical assessments of carbon fluxes in terrestrial ecosystems of China: Results from upscaling network observations. Global and Planetary Change, 2014, 118: 52-61.

[47] Piao S, Fang J, Ciais P, et al. The carbon balance of terrestrial ecosystems in China. Nature, 2009, 458 (7241): 1009-1013.

[48] Wang X, Wang C, Bond-Lamberty B. Quantifying and reducing the differences in forest $CO_2$-fluxes estimated by eddy covariance, biometric and chamber methods: A global synthesis. Agricultural and Forest Meteorology, 2017, 247: 93-103.

[49] Pan Y, Birdsey R A, Fang J, et al. A large and persistent carbon sink in the world's forests. Science, 2011, 333 (6045): 988-993.

[50] Le Quéré C, Andrew R M, Canadell J G, et al. Global Carbon Budget 2016. Earth System Science Data, 2016, 8 (2): 605-694.

[51] Tian H, Lu C, Ciais P, et al. The terrestrial biosphere as a net source of greenhouse gases to the atmosphere. Nature, 2016, 531 (7593): 225-228.

[52] Quéré CL, Moriarty R, Andrew R, et al. Global Carbon Budget 2015. Earth System Science Data, 2015, 7 (2): 349-396.

[53] Sitch S, Friedlingstein P, Gruber N, et al. Recent trends and drivers of regional sources and sinks of carbon dioxide. Biogeosciences, 2015, 12: 653-679.

[54] Bloom A A, Exbrayat J F, van der Velde I R, et al. The decadal state of the terrestrial carbon cycle: Global retrievals of terrestrial carbon allocation, pools, and residence times. Proceedings of the National Academy of Sciences, 2016: 201515160.

## 参考文献

[55] Luyssaert S, Inglima I, Jung M, et al. $CO_2$ balance of boreal, temperate, and tropical forests derived from a global database. Global Change Biology, 2007, 13 (12): 2509-2537.

[56] Luyssaert S, Reichstein M, Schulze E D, et al. Toward a consistency cross-check of eddy covariance flux-based and biometric estimates of ecosystem carbon balance. Global Biogeochemical Cycles, 2009, 23 (3): DOI: 10.1029/2008GB003377.

[57] Ueyama M, Hirata R, Mano M, et al. Influences of various calculation options on heat, water and carbon fluxes determined by open- and closed-path eddy covariance methods. Tellus B, 2012, 64: 19048.

[58] Novick K, Brantley S, Miniat C F, et al. Inferring the contribution of advection to total ecosystem scalar fluxes over a tall forest in complex terrain. Agricultural and Forest Meteorology, 2014, 185: 1-13.

[59] Kang M, Ruddell B L, Cho C, et al. Identifying $CO_2$ advection on a hill slope using information flow. Agricultural and Forest Meteorology, 2017, 232 (Supplement C): 265-278.

[60] Zardi D, Whiteman C D. Diurnal mountain wind systems. In: F. Chow, S. De Wekker, B. Snyder (Editors), Mountain weather research and forecasting: Recent progress and current challenges. Springer, Berlin, 2013: 35-119.

[61] Alekseychik P, Mammarella I, Launiainen S, et al. Evolution of the nocturnal decoupled layer in a pine forest canopy. Agricultural and Forest Meteorology, 2013, 174-175: 15-27.

[62] Aubinet M, Berbigier P, Bernhofer C H, et al. Comparing $CO_2$ storage and advection conditions at night at different carboeuroflux sites. Boundary-Layer Meteorology, 2005, 116 (1): 63-93.

[63] Burns S P, Sun J, Lenschow D H, et al. Atmospheric stability effects on wind fields and scalar mixing within and just above a subalpine forest in sloping terrain. Boundary-Layer Meteorology, 2011, 138 (2): 231-262.

[64] Chen H, Yi C. Optimal control of katabatic flows within canopies. Quarterly Journal of the Royal Meteorological Society, 2012, 138 (667): 1676-1680.

[65] Grisogono B, Axelsen S L. A note on the pure katabatic wind maximum over gentle slopes. Boundary-Layer Meteorology, 2012, 145 (3): 527-538.

[66] Haiden T, Whiteman C D. Katabatic flow mechanisms on a low-angle slope. Journal of Applied Meteorology, 2005, 44 (1): 113-126.

[67] Mahrt L, Richardson S, Seaman N, et al. Non-stationary drainage flows and motions in the cold pool. Tellus A, 2010, 62 (5): 698-705.

[68] Trachte K, Nauss T, Bendix J. The impact of different terrain configurations on the formation and dynamics of katabatic flows: Idealised case studies. Boundary-Layer Meteorology, 2010, 134 (2): 307-325.

[69] van Gorsel E, Christen A, Feigenwinter C, et al. Daytime turbulence statistics above a steep forested slope. Boundary-Layer Meteorology, 2003, 109 (3): 311-329.

[70] Whiteman C D, Zhong S. Downslope flows on a low-angle slope and their interactions with valley inversions. Part I: Observations. Journal of Applied Meteorology and Climatology, 2008, 47 (7): 2023-2038.

[71] Whiteman C D. Breakup of temperature inversions in deep mountain valleys: Part I. Observations. Journal of Applied Meteorology, 1982, 21 (3): 270-289.

[72] Belcher S E, Harman I N, Finnigan J J. The wind in the willows: flows in forest canopies in complex terrain. Annual Review of Fluid Mechanics, 2012, 44: 479-504.

[73] Kiefer M T, Zhong S. The effect of sidewall forest canopies on the formation of cold-air pools: A

numerical study. Journal of Geophysical Research, 2013, 118 (12): 5965-5978.

[74] Aubinet M. Eddy covariance $CO_2$ flux measurements in nocturnal conditions: an analysis of the problem. Ecological Applications, 2008, 18 (6): 1368-1378.

[75] Froelich N, Grimmond C, Schmid H. Nocturnal cooling below a forest canopy: Model and evaluation. Agricultural and Forest Meteorology, 2011, 151 (7): 957-968.

[76] Mahrt L. Stratified atmospheric boundary layers. Boundary-layer meteorology, 1999, 90 (3): 375-396.

[77] Pypker T, Unsworth M H, Lamb B, et al. Cold air drainage in a forested valley: Investigating the feasibility of monitoring ecosystem metabolism. Agricultural and Forest Meteorology, 2007, 145 (3): 149-166.

[78] Froelich N, Schmid H. Flow divergence and density flows above and below a deciduous forest: Part II. Below-canopy thermotopographic flows. Agricultural and Forest Meteorology, 2006, 138 (1-4): 29-43.

[79] Tóta J, Roy Fitzjarrald D, da Silva Dias M A. Amazon rainforest exchange of carbon and subcanopy air flow: Manaus LBA site-a complex terrain condition. The Scientific World Journal, 2012, 2012: Article ID 165067.

[80] Komatsu H, Yoshida N, Takizawa H, et al. Seasonal trend in the occurrence of nocturnal drainage flow on a forested slope under a tropical monsoon climate. Boundary-Layer Meteorology, 2003, 106 (3): 573-592.

[81] Wharton S, Ma S, Baldocchi D D, et al. Influence of regional nighttime atmospheric regimes on canopy turbulence and gradients at a closed and open forest in mountain-valley terrain. Agricultural and Forest Meteorology, 2017, 237-238: 18-29.

[82] Pypker T G, Unsworth M H, Mix A C, et al. Using nocturnal cold air drainage flow to monitor ecosystem processes in complex terrain. Ecological Applications, 2007, 17 (3): 702-714.

[83] Rotach M, Andretta M, Calanca P, et al. Boundary layer characteristics and turbulent exchange mechanisms in highly complex terrain. Acta Geophysica, 2008, 56 (1): 194-219.

[84] Bousquet P, Tans P P. Regional changes in carbon dioxide fluxes of land and oceans since 1980. Science, 2000, 290 (5495): 1342-1347.

[85] Canadell J G, Mooney H A, Baldocchi D D, et al. Carbon metabolism of the terrestrial biosphere: a multitechnique approach for improved understanding. Ecosystems, 2000, 3 (2): 115-130.

[86] Bazzaz F A, Williams W E. Atmospheric $CO_2$ concentrations within a mixed forest: implications for seedling growth. Ecology, 1991, 72 (1): 12-16.

[87] Osborne C P, Drake B G, Laroche J, et al. Does long-term elevation of $CO_2$ concentration increase photosynthesis in forest floor vegetation? Indiana strawberry in a Maryland forest. Plant Physiology, 1997, 114 (1): 337-344.

[88] de Araújo A C, Kruijt B, Nobre A D, et al. Nocturnal accumulation of $CO_2$ underneath a tropical forest canopy along a topographical gradient. Ecological Applications A Publication of the Ecological Society of America, 2008, 18 (6): 1406-19.

[89] Brooks J R, Flanagan L B, Varney G T, et al. Vertical gradients in photosynthetic gas exchange characteristics and refixation of respired $CO_2$ within boreal forest canopies. Tree Physiology, 1997, 17 (1): 1-12.

[90] Kondo M, Muraoka H, Uchida M, et al. Refixation of respired $CO_2$ by understory vegetation in a cool-temperate deciduous forest in Japan. Agricultural and Forest Meteorology, 2005, 134 (1): 110-121.

[91] Finnigan J. The storage term in eddy flux calculations. Agricultural and Forest Meteorology, 2006, 136 (3): 108-113.

[92] 张弥, 温学发, 于贵瑞, 等. 二氧化碳储存通量对森林生态系统碳收支的影响. 应用生态学报, 2010, 21 (5): 1201-1209.

[93] Aubinet M, Feigenwinter C, Heinesch B, et al. Direct advection measurements do not help to solve the night-time $CO_2$ closure problem: Evidence from three different forests. Agricultural and Forest Meteorology, 2010, 150 (5): 655-664.

[94] 谭正洪, 张一平, 于贵瑞, 等. 热带季节雨林林冠上方和林内近地层 $CO_2$ 浓度的时空动态及其成因分析. 植物生态学报, 2008, 32 (3): 555-567.

[95] Buchmann N, Kao W Y, Ehleringer J R. Carbon dioxide concentrations within forest canopies - variation with time, stand structure, and vegetation type. Global Change Biology, 1996, 2 (5): 421-432.

[96] Murayama S, Saigusa N, Chan D, et al. Temporal variations of atmospheric $CO_2$ concentration in a temperate deciduous forest in central Japan. Tellus Series B - chemical and Physical Meteorology, 2003, 55 (2): 232-243.

[97] Ohkubo S, Kosugi Y, Takanashi S, et al. Vertical profiles and storage fluxes of $CO_2$, heat and water in a tropical rainforest at Pasoh, Peninsular Malaysia. Tellus B, 2008, 60 (4): 569-582.

[98] DeSelm H R D. Carbon dioxide gradients in a beech forest in Central Ohio. Proceedings of the National Academy of Sciences, 1952, 111 (36): 13127-13132.

[99] Jiang G M, Han X G, Zhou G S. Changes of atmospheric $CO_2$, photosynthesis of the grass layer and soil $CO_2$ evolution in a typical temperate deciduous forest stand in the mountainous areas of Beijing. Acta Botanica Sinica, 1997, 39 (7): 653-660.

[100] 蒋高明, 黄银晓, 韩兴国. 城市与山地森林地区夏秋季大气 $CO_2$ 浓度变化初探. 环境科学学报, 1998, 18 (1): 108-111.

[101] 杨思河, 林继惠, 文诗韵, 等. 长白山天然林内 $CO_2$ 环境初探. 生态学杂志, 1992 (5): 56-58.

[102] 吴家兵, 关德新, 赵晓松, 等. 长白山阔叶红松林二氧化碳浓度特征. 应用生态学报, 2005, 16 (1): 49-53.

[103] 同小娟, 张劲松, 孟平, 等. 黄河小浪底人工混交林冠层 $CO_2$ 储存通量变化特征. 生态学报, 2015, 35 (7): 2076-2084.

[104] 田会, 刘纪平, 梁勇, 等. 泰山人工林冠层 $CO_2$ 浓度变化特征分析. 测绘通报, 2012 (s1): 756-759.

[105] 陈晓峰, 江洪, 孙文文, 等. 安吉毛竹林生长季 $CO_2$ 浓度的时空特征. 生态学杂志, 2016, 35 (5): 1162-1169.

[106] Garrett H E, Cox G S, Roberts J E. Spatial and temporal variations in carbon dioxide concentrations in an Oak-Hickory Forest Ravine. Forest Science, 1978, 24 (2): 180-190.

[107] Skelly J M, Fredericksen T S, Savage J E, et al. Vertical gradients of ozone and carbon dioxide within a deciduous forest in Central Pennsylvania. Environmental Pollution, 1996, 94 (2): 235-240.

[108] 陈步峰, 林明献, 李意德, 等. 海南尖峰岭热带山地雨林近冠层 $CO_2$ 及通量特征研究. 生态学报, 2001, 21 (12): 2166-2172.

[109] de Araújo A C, Dolman A J, Waterloo M J, et al. The spatial variability of $CO_2$ storage and the interpretation of eddy covariance fluxes in central Amazonia. Agricultural and Forest Meteorology, 2010, 150 (2): 226-237.

[110] Papale D, Reichstein M, Aubinet M, et al. Towards a standardized processing of Net Ecosystem Exchange measured with eddy covariance technique: algorithms and uncertainty estimation. Biogeosciences, 2006, 3 (4): 571-583.

[111] Yang B, Hanson P J, Riggs J S, et al. Biases of $CO_2$ storage in eddy flux measurements in a forest pertinent to vertical configurations of a profile system and $CO_2$ density averaging. Journal of Geophysical Research, 2007, 112 (D20123).

[112] Nicolini G, Aubinet M, Feigenwinter C, et al. Impact of $CO_2$ storage flux sampling uncertainty on net ecosystem exchange measured by eddy covariance. Agricultural and Forest Meteorology, 2018, 248: 228-239.

[113] Dolman A J, Moors E J, Elbers J A. The carbon uptake of a mid latitude pine forest growing on sandy soil. Agricultural and Forest Meteorology, 2002, 111 (3): 157-170.

[114] van Gorsel E, Leuning R, Cleugh H A, et al. Nocturnal carbon efflux: Reconciliation of eddy covariance and chamber measurements using an alternative to the $u^*$-threshold filtering technique. Tellus B, 2007, 59 (3): 397-403.

[115] Kowalski A S. Comment on "the storage term in eddy flux calculations". Agricultural and Forest Meteorology, 2008, 148 (4): 691-692.

[116] Webb E K, Pearman G I, Leuning R. Correction of flux measurements for density effects due to heat and water vapour transfer. Quarterly Journal of the Royal Meteorological Society, 1980, 106 (447): 85-100.

[117] Kowalski A S, Serrano-Ortiz P. On the relationship between the eddy covariance, the turbulent flux, and surface exchange for a trace gas such as $CO_2$. Boundary-Layer Meteorology, 2007, 124 (2): 129-141.

[118] Leuning R. The correct form of the Webb, Pearman and Leuning equation for eddy fluxes of trace gases in steady and non-steady state, horizontally homogeneous flows. Boundary-Layer Meteorology, 2007, 123 (2): 263-267.

[119] Finnigan J. Response to comment by Dr. AS Kowalski on "The storage term in eddy flux calculations". Agricultural and Forest Meteorology, 2009, 149 (3): 725-729.

[120] Lee X, Massman W J. A perspective on thirty years of the Webb, Pearman and Leuning density corrections. Boundary-layer meteorology, 2011, 139 (1): 37-59.

[121] Burba G, Schmidt A, Scott R L, et al. Calculating $CO_2$ and $H_2O$ eddy covariance fluxes from an enclosed gas analyzer using an instantaneous mixing ratio. Global Change Biology, 2012, 18 (1): 385-399.

[122] Hollinger D Y, Kelliher F M, Byers J N, et al. Carbon dioxide exchange between an undisturbed old-growth temperate forest and the atmosphere. Ecology, 1994, 75 (1): 134-150.

[123] Ohkubo S, Kosugi Y. Amplitude and seasonality of storage fluxes for $CO_2$, heat and water vapour in a temperate Japanese cypress forest. Tellus B, 2008, 60 (1): 11-20.

[124] 姚玉刚, 张一平, 于贵瑞, 等. 热带森林植被冠层 $CO_2$ 储存项的估算方法研究. 北京林业大学学报, 2011, 33 (1): 23-29.

[125] Aubinet M, Chermanne B, Vandenhaute M, et al. Long term carbon dioxide exchange above a mixed forest in the Belgian Ardennes. Agricultural and Forest Meteorology, 2001, 108 (4): 293-315.

[126] 王兴昌, 王传宽, 于贵瑞. 基于全球涡度相关的森林碳交换的时空格局. 中国科学 D 辑: 地球科学, 2008, 38 (9): 1092-1108.

[127] Carrara A, Kowalski A S, Neirynck J, et al. Net ecosystem $CO_2$ exchange of mixed forest in Bel-

gium over 5 years. Agricultural and Forest Meteorology, 2003, 119 (3): 209-227.

[128] Knohl A, Schulze E D, Kolle O, et al. Large carbon uptake by an unmanaged 250-year-old deciduous forest in Central Germany. Agricultural and Forest Meteorology, 2003, 118 (3): 151-167.

[129] Yang P C, Black T, Neumann H, et al. Spatial and temporal variability of $CO_2$ concentration and flux in a boreal aspen forest. Journal of Geophysical Research, 1999, 104 (D22): 27653-27661.

[130] Iwata H, Malhi Y, von Randow C. Gap-filling measurements of carbon dioxide storage in tropical rainforest canopy airspace. Agricultural and Forest Meteorology, 2005, 132 (3-4): 305-314.

[131] Munger J W, Loescher H W, Luo H. Measurement, tower, and site design considerations. In: Aubinet M., Vesala T., Papale D. (Editors). Eddy covariance: A practical guide to measurement and data analysis. Springer, 2012: 21-58.

[132] Xu L K, Matista A A, Hsiao T C. A technique for measuring $CO_2$ and water vapor profiles within and above plant canopies over short periods. Agricultural and Forest Meteorology, 1999, 94 (1): 1-12.

[133] Heinesch B, Yernaux M, Aubinet M. Some methodological questions concerning advection measurements: a case study. Boundary-Layer Meteorology, 2007, 122 (2): 457-478.

[134] van Gorsel E, Harman I N, Finnigan J J, et al. Decoupling of air flow above and in plant canopies and gravity waves affect micrometeorological estimates of net scalar exchange. Agricultural and Forest Meteorology, 2011, 151 (7): 927-933.

[135] Marcolla B, Cobbe I, Minerbi S, et al. Methods and uncertainties in the experimental assessment of horizontal advection. Agricultural and Forest Meteorology, 2014, 198: 62-71.

[136] Lee X. On micrometeorological observations of surface-air exchange over tall vegetation. Agricultural and Forest Meteorology, 1998, 91 (1-2): 39-49.

[137] Paw U K T, Baldocchi D D, Meyers T P, et al. Correction of eddy-covariance measurements incorporating both advective effects and density fluxes. Boundary-Layer Meteorology, 2000, 97 (3): 487-511.

[138] Froelich N, Schmid H, Grimmond C, et al. Flow divergence and density flows above and below a deciduous forest: part I. Non-zero mean vertical wind above canopy. Agricultural and Forest Meteorology, 2005, 133 (1): 140-152.

[139] Finnigan J. A re-evaluation of long-term flux measurement techniques Part II: coordinate systems. Boundary-Mayer Meteorology, 2004, 113 (1): 1-41.

[140] Sun J. Tilt corrections over complex terrain and their implication for $CO_2$ transport. Boundary-Layer Meteorology, 2007, 124 (2): 143-159.

[141] Massman W J, Lee X. Eddy covariance flux corrections and uncertainties in long-term studies of carbon and energy exchanges. Agricultural and Forest Meteorology, 2002, 113 (1-4): 121-144.

[142] Wang X, Wang C, Li Q. Wind regimes above and below a temperate deciduous forest canopy in complex terrain: Interactions between slope and valley winds. Atmosphere, 2015, 6 (1): 60-87.

[143] Wharton S, Ma S, Baldocchi D D, et al. Influence of regional nighttime atmospheric regimes on canopy turbulence and gradients at a closed and open forest in mountain-valley terrain. Agricultural and Forest Meteorology, 2017, 237: 18-29.

[144] Lee X, Massman W, Law B E. Handbook of micrometeorology: a guide for surface flux measurement and analysis. Springer, 2004: 29.

[145] 朱治林，孙晓敏，袁国富，等. 非平坦下垫面涡度相关通量的校正方法及其在 ChinaFLUX 中的

应用. 中国科学 D 辑：地球科学，2004，34（增刊Ⅱ）：37-45.

[146] Yuan R，Kang M，Park S B，et al. Expansion of the planar-fit method to estimate flux over complex terrain. Meteorology and Atmospheric Physics，2011，110 (3)：123-133.

[147] Rebmann C，Kolle O，Heinesch B，et al. Data acquisition and flux calculations. In：M. Aubinet，T. Vesala，D. Papale (Editors)，Eddy Covariance：A practical guide to measurement and data analysis. Springer，2012：59-83.

[148] Wilczak J M，Oncley S P，Stage S A. Sonic anemometer tilt correction algorithms. Boundary-Layer Meteorology，2001，99 (1)：127-150.

[149] Liu L，Wang T J，Sun Z H，et al. Eddy covariance tilt corrections over a coastal mountain area in South-east China：Significance for near-surface turbulence characteristics. Advances in Atmospheric Sciences，2012，29 (6)：1264-1278.

[150] Siebicke L，Hunner M，Foken T. Aspects of $CO_2$ advection measurements. Theoretical and Applied Climatology，2012，109 (1-2)：109-131.

[151] Serafin S，Adler B，Cuxart J，et al. Exchange processes in the atmospheric boundary layer over mountainous terrain. Atmosphere，2018，9 (3)：102.

[152] Shimizu T. Effect of coordinate rotation systems on calculated fluxes over a forest in complex terrain：A comprehensive comparison. Boundary-Layer Meteorology，2015，156：277-301.

[153] Turnipseed A A，Anderson D E，Blanken P D，et al. Airflows and turbulent flux measurements in mountainous terrain：Part 1. Canopy and local effects. Agricultural and Forest Meteorology，2003，119 (1)：1-21.

[154] 吴家兵，关德新，孙晓敏，等. 长白山阔叶红松林 $CO_2$ 交换的涡动通量修订. 中国科学 D 辑：地球科学，2004，34（增刊Ⅱ）：95-102.

[155] 徐自为，刘绍民，宫丽娟，等. 涡动相关仪观测数据的处理与质量评价研究. 地球科学进展，2008，23 (4)：357-370.

[156] 王琛，袁仁民，罗涛，等. 南京市区及郊区近地层通量观测比较. 中国科学技术大学学报，2013，43 (2)：87-96.

[157] Stiperski I，Rotach M W. On the measurement of turbulence over complex mountainous terrain. Boundary-Layer Meteorology，2016，159 (1)：97-121.

[158] Wilson K，Goldstein A，Falge E，et al. Energy balance closure at FLUXNET sites. Agricultural and Forest Meteorology，2002，113 (1-4)：223-243.

[159] 郑宁，张劲松，孟平，等. 坐标旋转订正对农田林网水热通量测算精度的影响. 林业科学研究，2015，28 (4)：479-487.

[160] Leuning R，Judd M. The relative merits of open- and closed-path analysers for measurementsof eddy fluxes. Global Change Biology，1996，2：241-253.

[161] Hirata R，Hirano T，Mogami J，et al. $CO_2$ flux measured by an open-path system over a larch forest during the snow-covered season. Phyton，2005，45 (4)：347-351.

[162] Amiro B，Orchansky A，Sass A. A perspective on carbon dioxide flux measurements using an open-path infrared gas analyzer in cold environments. Proceedings of 27th Annual Conference of Agricultural and Forest Meteorology，San Diego，California，2006.

[163] Burba G G，McDermitt D K，Grelle A，et al. Addressing the influence of instrument surface heat exchange on the measurements of $CO_2$ flux from open-path gas analyzers. Global Change Biology，2008，14 (8)：1854-1876.

[164] Reverter B，Carrara A，Fernández A，et al. Adjustment of annual NEE and ET for the open-path IRGA self-heating correction：Magnitude and approximation over a range of climate. Agricultural

and Forest Meteorology, 2011, 151 (12): 1856 – 1861.

[165] Amiro B. Estimating annual carbon dioxide eddy fluxes using open – path analysers for cold forest sites. Agricultural and Forest Meteorology, 2010, 150 (10): 1366 – 1372.

[166] Chen Z, Yu G, Ge J, et al. Temperature and precipitation control of the spatial variation of terrestrial ecosystem carbon exchange in the Asian region. Agricultural and Forest Meteorology, 2013, 182 – 183: 266 – 276.

[167] Oechel W C, Laskowski C A, Burba G, et al. Annual patterns and budget of $CO_2$ flux in an Arctic tussock tundra ecosystem. Journal of Geophysical Research: Biogeosciences, 2014, 119 (3): 323 – 339.

[168] Bowling D, Bethers – Marchetti S, Lunch C K, et al. Carbon, water, and energy fluxes in a semiarid cold desert grassland during and following multiyear drought. Journal of Geophysical Research, 2010, 115 (G4).

[169] Emmerton C A, St. Louis V L, Humphreys E R, et al. Net ecosystem exchange of $CO_2$ with rapidly changing high Arctic landscapes. Global Change Biology, 2016, 22 (3): 1185 – 1200.

[170] 朱先进, 于贵瑞, 王秋凤, 等. 仪器的加热效应校正对生态系统碳水通量估算的影响. 生态学杂志, 2012, 31 (2): 487 – 493.

[171] 吉喜斌, 赵文智, 康尔泗, 等. 仪器表面加热效应对临泽站开路涡动相关系统 $CO_2$ 通量的影响. 高原气象, 2013, 32 (1): 65 – 77.

[172] Järvi L, Mammarella I, Eugster W, et al. Comparison of net $CO_2$ fluxes measured with open – and closed – path infrared gas analyzers in an urban complex environment. Boreal Environment Research, 2009, 14: 499 – 514.

[173] Grelle A, Burba G. Fine – wire thermometer to correct $CO_2$ fluxes by open – path analyzers for artificial density fluctuations. Agricultural and Forest Meteorology, 2007, 147 (1): 48 – 57.

[174] 李正泉, 于贵瑞, 温学发, 等. 中国通量观测网络（ChinaFLUX）能量平衡闭合状况的评价. 中国科学 D 辑: 地球科学, 2004, 34 (增刊Ⅱ): 46 – 56.

[175] 吴家兵, 关德新, 赵晓松, 等. 东北阔叶红松林能量平衡特征. 生态学报, 2005, 25 (10): 2520 – 2526.

[176] 张新建, 袁凤辉, 陈妮娜, 等. 长白山阔叶红松林能量平衡和蒸散. 应用生态学报, 2011, 22 (3): 607 – 613.

[177] 孙成, 江洪, 陈健, 等. 亚热带毛竹林生态系统能量通量及平衡分析. 生态学报, 2015, 35 (12): 4128 – 4136.

[178] 原文文, 同小娟, 张劲松, 等. 黄河小浪底人工混交林生长季能量平衡特征研究. 生态学报, 2015, 35 (13): 4492 – 4499.

[179] 窦军霞, 张一平, 于贵瑞, 等. 西双版纳热带季节雨林热储量初步研究. 中国科学 D 辑: 地球科学, 2006, 36 (增刊Ⅰ): 153 – 162.

[180] Foken T. The energy balance closure problem: An overview. Ecological Applications, 2008, 18 (6): 1351 – 1367.

[181] Charuchittipan D, Babel W, Mauder M, et al. Extension of the averaging time in eddy – covariance measurements and its effect on the energy balance closure. Boundary – Layer Meteorology, 2014, 152 (3): 303 – 327.

[182] Frank J M, Massman W J, Ewers B E. Underestimates of sensible heat flux due to vertical velocity measurement errors in non – orthogonal sonic anemometers. Agricultural and Forest Meteorology, 2013, 171: 72 – 81.

[183] Serrano – Ortiz P, Sánchez – Cañete E P, Olmo F J, et al. Surface – parallel sensor orientation for

assessing energy balance components on mountain slopes. Boundary - Layer Meteorology, 2016, 158 (3): 489 - 499.

[184] Gu L, Meyers T, Pallardy S G, et al. Influences of biomass heat and biochemical energy storages on the land surface fluxes and radiative temperature. Journal of Geophysical Research, 2007, 112 (D2).

[185] Lindroth A, Mölder M, Lagergren F. Heat storage in forest biomass improves energy balance closure. Biogeosciences, 2010, 7 (1): 301 - 313.

[186] Berbigier P, Bonnefond J M, Mellmann P. $CO_2$ and water vapour fluxes for 2 years above Euroflux forest site. Agricultural and Forest Meteorology, 2001, 108 (3): 183 - 197.

[187] Oliphant A J, Grimmond C S B, Zutter H N, et al. Heat storage and energy balance fluxes for a temperate deciduous forest. Agricultural and Forest Meteorology, 2004, 126 (3 - 4): 185 - 201.

[188] McCaughey J H. Energy balance storage terms in a mature mixed forest at Petawawa, Ontario - a case study. Boundary - Layer Meteorology, 1985, 31: 89 - 101.

[189] Haverd V, Cuntz M, Leuning R, et al. Air and biomass heat storage fluxes in a forest canopy: calculation within a soil vegetation atmosphere transfer model. Agricultural and Forest Meteorology, 2007, 147 (3): 125 - 139.

[190] Olmo F J, Vida J, Foyo I, et al. Prediction of global irradiance on inclined surfaces from horizontal global irradiance. Energy, 1999, 24 (8): 689 - 704.

[191] Wohlfahrt G, Hammerle A, Niedrist G, et al. On the energy balance closure and net radiation in complex terrain. Agricultural and Forest Meteorology, 2016, 226: 37 - 49.

[192] Whiteman C D, Allwine K J, Fritschen L J, et al. Deep valley radiation and surface energy budget microclimates. Part I: Radiation. Journal of Applied Meteorology, 1989, 28 (6): 414 - 426.

[193] Barry R G. Mountain Weather and Climate. Cambridge University Press, 2008: 506.

[194] Hoch S W, Whiteman C D. Topographic effects on the surface radiation balance in and around Arizona's Meteor Crater. Journal of Applied Meteorology and Climatology, 2010, 49 (6): 1114 - 1128.

[195] Helbig N, L'we H, Mayer B, et al. Explicit validation of a surface shortwave radiation balance model over snow - covered complex terrain. Journal of Geophysical Research: Atmospheres, 2010, 115: D18113.

[196] Mayer B, Hoch S W, Whiteman C D. Validating the MYSTIC three - dimensional radiative transfer model with observations from the complex topography of Arizona's Meteor Crater. Atmospheric Chemistry and Physics 2010, 10 (18): 8685 - 8696.

[197] Matzinger N, Andretta M, van Gorsel E, et al. Surface radiation budget in an Alpine valley. Quarterly Journal of the Royal Meteorological Society, 2003, 129 (588): 877 - 895.

[198] Holst T, Rost J, Mayer H. Net radiation balance for two forested slopes on opposite sides of a valley. International Journal of Biometeorology, 2005, 49 (5): 275 - 284.

[199] Dymond J R, Shepherd J D. Correction of the topographic effect in remote sensing. IEEE Transactions on Geoscience and Remote Sensing, 1999, 37 (5): 2618 - 2619.

[200] Sicart J E, Ribstein P, Wagnon P, et al. Clear - sky albedo measurements on a sloping glacier surface: A case study in the Bolivian Andes. Journal of Geophysical Research: Atmospheres, 2001, 106 (D23): 31729 - 31737.

[201] Schimel D, Pavlick R, Fisher J B, et al. Observing terrestrial ecosystems and the carbon cycle from space. Global Change Biology, 2015, 21 (5): 1762 - 1776.

[202] Hammerle A, Haslwanter A, Schmitt M, et al. Eddy covariance measurements of carbon dioxide,

latent and sensible energy fluxes above a meadow on a mountain slope. Boundary - Layer Meteorology, 2007, 122 (2): 397 - 416.

[203] Hiller R, Zeeman M J, Eugster W. Eddy - covariance flux measurements in the complex terrain of an alpine valley in Switzerland. Boundary - Layer Meteorology, 2008, 127 (3): 449 - 467.

[204] Zitouna - Chebbi R, Prévot L, Jacob F, et al. Assessing the consistency of eddy covariance measurements under conditions of sloping topography within a hilly agricultural catchment. Agricultural and Forest Meteorology, 2012, 164: 123 - 135.

[205] Sellers P J, Randall D A, Collatz G J, et al. A Revised Land Surface Parameterization (SiB2) for Atmospheric GCMS. Part I: Model Formulation. Journal of Climate, 1996, 9 (4): 676 - 705.

[206] Liang S, Shuey C J, Russ A L, et al. Narrowband to broadband conversions of land surface albedo: II. Validation. Remote Sensing of Environment, 2003, 84 (1): 25 - 41.

[207] Weiss A, Norman J M. Partitioning solar radiation into direct and diffuse, visible and near - infrared components. Agricultural and Forest Meteorology, 1985, 34 (2): 205 - 213.

[208] 方精云, 沈泽昊, 崔海亭. 试论山地的生态特征及山地生态学的研究内容. 生物多样性, 2004, 12 (1): 10 - 19.

[209] 刘帆, 王传宽, 王兴昌, 等. 帽儿山温带落叶阔叶林通量塔风浪区生物量空间格局. 生态学报, 2016, 36 (10): 6506 - 6519.

[210] Mauder M, Foken T, Clement R, et al. Quality control of CarboEurope flux data - Part 2: Intercomparison of eddy - covariance software. Biogeosciences, 2008, 5 (6): 451 - 462.

[211] Wu J, Guan D, Han S, et al. Energy budget above a temperate mixed forest in northeastern China. Hydrological Processes, 2007, 21 (18): 2425 - 2434.

[212] 颜廷武, 尤文忠, 张慧东, 等. 辽东山区天然次生林能量平衡和蒸散. 生态学报, 2015, 35 (1): 172 - 179.

[213] 赵晓松, 关德新, 吴家兵, 等. 长白山阔叶红松林 $CO_2$ 通量与温度的关系. 生态学报, 2006, 26 (4): 1088 - 1095.

[214] 张弥, 于贵瑞, 张雷明, 等. 太阳辐射对长白山阔叶红松林净生态系统碳交换的影响. 植物生态学报, 2009, 33 (2): 270 - 282.

[215] Rebmann C, Zeri M, Lasslop G, et al. Treatment and assessment of the $CO_2$ - exchange at a complex forest site in Thuringia, Germany. Agricultural and Forest Meteorology, 2010, 150 (5): 684 - 691.

[216] Staebler RM, Fitzjarrald DR. Measuring canopy structure and the kinematics of subcanopy flows in two forests. Journal of Applied Meteorology, 2005, 44 (8): 1161 - 1179.

[217] Feigenwinter C, Bernhofer C, Eichelmann U, et al. Comparison of horizontal and vertical advective $CO_2$ fluxes at three forest sites. Agricultural and Forest Meteorology, 2008, 148 (1): 12 - 24.

[218] Yi C. Momentum transfer within canopies. Journal of Applied Meteorology and Climatology, 2008, 47 (1): 262 - 275.

[219] Mahrt L, Vickers D, Sun J, et al. Determination of the surface drag coefficient. Boundary - Layer Meteorology, 2001, 99 (2): 249 - 276.

[220] Weber R O. Remarks on the definition and estimation of friction velocity. Boundary - Layer Meteorology, 1999, 93 (2): 197 - 209.

[221] Dupont S, Patton E G. Influence of stability and seasonal canopy changes on micrometeorology within and above an orchard canopy: The CHATS experiment. Agricultural and Forest Meteorology, 2012, 157: 11 - 29.

[222] 焦振，王传宽，王兴昌. 温带落叶阔叶林冠层 $CO_2$ 浓度的时空变异. 植物生态学报，2011，35(5)：512-522.

[223] 祝宁，江洪，金永岩. 中国东北天然次生林主要树种的物候研究. 植物生态学报，1990，14(4)：336-349.

[224] 王静，王兴昌，王传宽. 基于不同浓度变量的温带落叶阔叶林 $CO_2$ 储存通量的误差分析. 应用生态学报，2013，24(4)：975-982.

[225] Leuning R. Measurements of trace gas fluxes in the atmosphere using eddy covariance：WPL corrections revisited. In：Lee X.，Massman W J.，Law B.（Editors），Handbook of micrometeorology. Springer，2004：133-160.

[226] Warton D I, Wright I J, Falster D S, et al. Bivariate line-fitting methods for allometry. Biological Reviews，2006，81(2)：259-291.

[227] Bjorkegren A, Grimmond C, Kotthaus S, et al. $CO_2$ emission estimation in the urban environment：Measurement of the $CO_2$ storage term. Atmospheric Environment，2015，122：775-790.

[228] McMillen R T. An eddy correlation technique with extended applicability to non-simple terrain. Boundary-Layer Meteorology，1988，43(3)：231-245.

[229] van Dijk A, Moene A F, de Bruin H A R. The principles of surface flux physics：theory, practice and description of the ECPACK library, Meteorology and Air Quality Group, Wageningen University, Wageningen, the Netherlands, 2004.

[230] Berger B W, Davis K J, Yi C, et al. Long-term carbon dioxide fluxes from a very tall tower in a northern forest：flux measurement methodology. Journal of Atmospheric and Oceanic Technology，2001，18(4)：529-542.

[231] Ross J, Sulev M. Sources of errors in measurements of PAR. Agricultural and Forest Meteorology，2000，100(2-3)：103-125.

[232] Liu B Y H, Jordan R C. The long-term average performance of flat-plate solar-energy collectors：With design data for the U. S., its outlying possessions and Canada. Solar Energy，1963，7(2)：53-74.

[233] Alados I, Alados-Arboledas L. Direct and diffuse photosynthetically active radiation：measurements and modelling. Agricultural and Forest Meteorology，1999，93(1)：27-38.

[234] Spitters C J T, Toussaint H A J M, Goudriaan J. Separating the diffuse and direct component of global radiation and its implications for modeling canopy photosynthesis Part I. Components of incoming radiation. Agricultural and Forest Meteorology，1986，38(1-3)：217-229.

[235] Jarvis P G, Massheder J M, Hale S E, et al. Seasonal variation of carbon dioxide, water vapor, and energy exchanges of a boreal black spruce forest. Journal of Geophysical Research，1997，102(D24)：28953-28966.

[236] Feigenwinter C, Montagnani L, Aubinet M. Plot-scale vertical and horizontal transport of $CO_2$ modified by a persistent slope wind system in and above an alpine forest. Agricultural and Forest Meteorology，2010，150(5)：665-673.

[237] Etzold S, Buchmann N, Eugster W. Contribution of advection to the carbon budget measured by eddy covariance at a steep mountain slope forest in Switzerland. Biogeosciences，2010，7(8)：2461-2475.

[238] Vickers D, Irvine J, Martin J G, et al. Nocturnal subcanopy flow regimes and missing carbon dioxide. Agricultural and Forest Meteorology，2012，152：101-108.

[239] Tóta J, Fitzjarrald D R, Staebler R M, et al. Amazon rain forest subcanopy flow and the carbon budget：Santarém LBA-ECO site. Journal of Geophysical Research，2008，113(G1).

[240] Su H B, Schmid H, Vogel C, et al. Effects of canopy morphology and thermal stability on mean flow and turbulence statistics observed inside a mixed hardwood forest. Agricultural and Forest Meteorology, 2008, 148 (6-7): 862-882.

[241] Pyles R D, Paw U K T, Falk M. Directional wind shear within an old-growth temperate rainforest: observations and model results. Agricultural and Forest Meteorology, 2004, 125 (1-2): 19-31.

[242] Kutsch W L, Kolle O, Rebmann C, et al. Advection and resulting $CO_2$ exchange uncertainty in a tall forest in central Germany. Ecological Applications, 2008, 18 (6): 1391-1405.

[243] Yao Y, Zhang Y, Liang N, et al. Pooling of $CO_2$ within a small valley in a tropical seasonal rain forest. Journal of Forest Research, 2012, 17 (3): 241-252.

[244] Jocher G, Marshall J, Nilsson M B, et al. Impact of canopy decoupling and subcanopy advection on the annual carbon balance of a boreal scots pine forest as derived from eddy covariance. Journal of Geophysical Research - Biogeosciences, 2018, 123 (2): 303-325.

[245] Monti P, Fernando H, Princevac M, et al. Observations of flow and turbulence in the nocturnal boundary layer over a slope. Journal of the Atmospheric Sciences, 2002, 59 (17): 2513-2534.

[246] Yi C, Monson R K, Zhai Z, et al. Modeling and measuring the nocturnal drainage flow in a high-elevation, subalpine forest with complex terrain. Journal of Geophysical Research, 2005, 110 (D22).

[247] Aubinet M, Heinesch B, Yernaux M. Horizontal and vertical $CO_2$ advection in a sloping forest. Boundary-Layer Meteorology, 2003, 108 (3): 397-417.

[248] Launiainen S, Vesala T, Mölder M, et al. Vertical variability and effect of stability on turbulence characteristics down to the floor of a pine forest. Tellus B, 2007, 59 (5): 919-936.

[249] Burns P, Chemel C. Evolution of cold-air-pooling processes in complex terrain. Boundary-Layer Meteorology, 2014, 150 (3): 423-447.

[250] Burns P, Chemel C. Interactions between downslope flows and a developing cold-air pool. Boundary-Layer Meteorology, 2015: 154 (1): 57-80.

[251] Gudiksen P, Leone Jr J, King C, et al. Measurements and modeling of the effects of ambient meteorology on nocturnal drainage flows. Journal of Applied Meteorology, 1992, 31 (9): 1023-1032.

[252] Kruijt B, Malhi Y, Lloyd J, et al. Turbulence statistics above and within two Amazon rain forest canopies. Boundary-Layer Meteorology, 2000, 94 (2): 297-331.

[253] Wu J, Guan D, Yuan F, et al. Evolution of atmospheric carbon dioxide concentration at different temporal scales recorded in a tall forest. Atmospheric Environment, 2012, 61: 9-14.

[254] Thomas CK. Variability of sub-canopy flow, temperature, and horizontal advection in moderately complex terrain. Boundary-Layer Meteorology, 2011, 139 (1): 61-81.

[255] Mahrt L, Lee X, Black A, et al. Nocturnal mixing in a forest subcanopy. Agricultural and Forest Meteorology, 2000, 101 (1): 67-78.

[256] Jiao Z, Wang C K, Wang X C. Spatio-temporal variations of $CO_2$ concentration within the canopy in a temperate deciduous forest, Northeast China. Chinese Journal of Plant Ecology, 2011, 35 (5): 512-522.

[257] Sedlák P, Aubinet M, Heinesch B, et al. Night-time airflow in a forest canopy near a mountain crest. Agricultural and Forest Meteorology, 2010, 150 (5): 736-744.

[258] Takagi M. Atmospheric carbon dioxide concentration within a narrow valley in a forested catchment area. Journal of Forest Research, 2009, 14 (5): 286-295.

[259] Culf AD, Fisch G, Malhi Y, et al. The influence of the atmospheric boundary layer on carbon dioxide concentrations over a tropical forest. Agricultural and Forest Meteorology, 1997, 85 (3-4): 149-158.

[260] Janssens I A, Lankreijer H, Matteucci G, et al. Productivity overshadows temperature in determining soil and ecosystem respiration across European forests. Global Change Biology, 2001, 7 (3): 269-278.

[261] Leuning R, Zegelin S J, Jones K, et al. Measurement of horizontal and vertical advection of $CO_2$ within a forest canopy. Agricultural and Forest Meteorology, 2008, 148 (11): 1777-1797.

[262] 刘实, 王传宽, 许飞. 4种温带森林非生长季土壤二氧化碳、甲烷和氧化亚氮通量. 生态学报, 2010, 30 (15): 4075-4084.

[263] 杨阔, 王传宽, 焦振. 东北东部5种温带森林的春季土壤呼吸. 生态学报, 2010, 30 (12): 3155-3162.

[264] Feigenwinter C, Mölder M. Spatiotemporal evolution of $CO_2$ concentration, temperature, and wind field during stable nights at the Norunda forest site. Agricultural and Forest Meteorology, 2010, 150 (5): 692-701.

[265] Gilmanov T G, Verma S B, Sims P L, et al. Gross primary production and light response parameters of four Southern Plains ecosystems estimated using long-term $CO_2$-flux tower measurements. Global Biogeochemical Cycles, 2003, 17 (2): 1071-1088.

[266] Sun J, Desjardins R, Mahrt L, et al. Transport of carbon dioxide, water vapor, and ozone by turbulence and local circulations. Journal of Geophysical Research, 1998, 103 (D20): 25873-25885.

[267] Araújo A C, Kruijt B, Nobre A D, et al. Nocturnal accumulation of $CO_2$ underneath a tropical forest canopy along a topographical gradient. Ecological Applications, 2008, 18 (6): 1406-1419.

[268] van Gorsel E, Delpierre N, Leuning R, et al. Estimating nocturnal ecosystem respiration from the vertical turbulent flux and change in storage of $CO_2$. Agricultural and Forest Meteorology, 2009, 149 (11): 1919-1930.

[269] Hutyra L R, Munger J W, Hammond-Pyle E, et al. Resolving systematic errors in estimates of net ecosystem exchange of $CO_2$ and ecosystem respiration in a tropical forest biome. Agricultural and Forest Meteorology, 2008, 148 (8-9): 1266-1279.

[270] Montagnani L, Manca G, Canepa E, et al. A new mass conservation approach to the study of $CO_2$ advection in an alpine forest. Journal of Geophysical Research, 2009, 114: D07306.

[271] Lavigne M, Ryan M, Anderson D, et al. Comparing nocturnal eddy covariance measurements to estimates of ecosystem respiration made by scaling chamber measurements at six coniferous boreal sites. Journal of Geophysical Research, 1997, 102 (D24): 28977-28985.

[272] Campbell Scitific I. AP200 $CO_2/H_2O$ atmospheric profile system. Campbell Scientific Inc, Logan, UT, 2010, 110.

[273] Noormets A, Chen J, Crow T R. Age-dependent changes in ecosystem carbon fluxes in managed forests in northern Wisconsin, USA. Ecosystems, 2007, 10: 187-203.

[274] 王春林, 周国逸, 王旭, 等. 复杂地形条件下涡度相关法通量测定修正方法分析. 中国农业气象, 2007, 28 (3): 233-240.

[275] 谌志刚, 卞林根, 陆龙骅, 等. 涡度相关仪倾斜订正方法的比较及应用. 气象科技, 2008, 36 (3): 355-359.

[276] Mauder M, Foken T. Impact of post-field data processing on eddy covariance flux estimates and energy balance closure. Meteorologische Zeitschrift, 2006, 15 (6): 597-609.

[277] Siebicke L, Steinfeld G, Foken T. $CO_2$ - gradient measurements using a parallel multi - analyzer setup. Atmospheric Measurement Techniques, 2011, 4 (3): 409 - 423.

[278] Li M, Babel W, Tanaka K, et al. Note on the application of planar - fit rotation for non - omnidirectional sonic anemometers. Atmospheric Measurement Techniques, 2013, 6: 221 - 229.

[279] Horst T W, Semmer S R, Maclean G. Correction of a Non - orthogonal, Three - Component Sonic Anemometer for Flow Distortion by Transducer Shadowing. Boundary - Layer Meteorology, 2015, 155 (3): 371 - 395.

[280] 王少影, 张宇, 吕世华, 等. 金塔绿洲湍流资料的质量控制研究. 高原气象, 2009, 28 (6): 1260 - 1273.

[281] 王兴昌, 王传宽, 刘帆, 等. 利用细丝热电偶评估涡度相关系统开路分析仪表面加热效应. 应用生态学报, 2017, 28 (3): 983 - 991.

[282] Burba G, Anderson D. A brief practical guide to eddy covariance flux measurements: principles and workflow examples for scientific and industrial applications. LI - COR Biosciences, Lincoln, USA, 2010.

[283] Lafleur P M, Humphreys E R. Tundra shrub effects on growing season energy and carbon dioxide exchange. Environmental Research Letters, 2018, 13 (5): 055001.

[284] Zhang J H, Han S J, Yu G R. Seasonal variation in carbon dioxide exchange over a 200 - year - old Chinese broad - leaved Korean pine mixed forest. Agricultural and Forest Meteorology, 2006, 137 (3 - 4): 150 - 165.

[285] Nakano T, Shinoda M. Interannual variation in net ecosystem $CO_2$ exchange and its climatic controls in a semiarid grassland of Mongolia. Journal of Agricultural Meteorology 2018, 74 (2): 92 - 96.

[286] Chan F C C, Arain M A, Khomik M, et al. Carbon, water and energy exchange dynamics of a young pine plantation forest during the initial fourteen years of growth. Forest Ecology and Management, 2018, 410: 12 - 26.

[287] Cao S, Cao G, Feng Q, et al. Alpine wetland ecosystem carbon sink and its controls at the Qinghai Lake. Environmental Earth Sciences, 2017, 76 (5): 210.

[288] Wang Q, Tenhunen J, Schmidt M, et al. Diffuse PAR irradiance under clear skies in complex alpine terrain. Agricultural and Forest Meteorology, 2005, 128 (1 - 2): 1 - 15.

[289] Hoch S W, Whiteman C D, Mayer B. A Systematic Study of Longwave Radiative Heating and Cooling within Valleys and Basins Using a Three - Dimensional Radiative Transfer Model. Journal of Applied Meteorology & Climatology, 2011, 50 (2011): 2473 - 2489.

[290] Jacovides C P, Tymvios F S, Assimakopoulos V D, et al. Comparative study of various correlations in estimating hourly diffuse fraction of global solar radiation. Renewable Energy, 2006, 31 (15): 2492 - 2504.

[291] Gueymard C A, Ruiz - Arias J A. Extensive worldwide validation and climate sensitivity analysis of direct irradiance predictions from 1 - min global irradiance. Solar Energy, 2016, 128: 1 - 30.

[292] Yang D. Solar radiation on inclined surfaces: Corrections and benchmarks. Solar Energy, 2016, 136: 288 - 302.

[293] Yang F, Mitchell K, Hou Y T, et al. Dependence of land surface albedo on solar zenith angle: Observations and model parameterization. Journal of Applied Meteorology and Climatology, 2008, 47 (11): 2963 - 2982.

[294] Minnis P, Mayor S, Smith W L, et al. Asymmetry in the diurnal variation of surface albedo. IEEE Transactions on Geoscience and Remote Sensing, 1997, 4 (4): 879 - 890.

[295] Wang S. Dynamics of surface albedo of a boreal forest and its simulation. Ecological Modelling, 2005, 183 (4): 477-494.

[296] Rotach M W, Wohlfahrt G, Hansel A, et al. The world is not flat: Implications for the global carbon balance. Bulletin of the American Meteorological Society, 2014, 95 (7): 1021-1028.

[297] McGloin R, Sigut L, Havrankova K, et al. Energy balance closure at a variety of ecosystems in Central Europe with contrasting topographies. Agricultural and Forest Meteorology, 2018, 248: 418-431.

[298] Barr A G, Morgenstern K, Black T A, et al. Surface energy balance closure by the eddy-covariance method above three boreal forest stands and implications for the measurement of the $CO_2$ flux. Agricultural and Forest Meteorology, 2006, 140 (1-4): 322-337.

[299] Falge E, Baldocchi D, Olson R, et al. Gap filling strategies for defensible annual sums of net ecosystem exchange. Agricultural and Forest Meteorology, 2001, 107 (1): 43-69.

[300] Reichstein M, Falge E, Baldocchi D, et al. On the separation of net ecosystem exchange into assimilation and ecosystem respiration: review and improved algorithm. Global Change Biology, 2005, 11 (9): 1424-1439.

[301] Lee X, Fuentes J D, Staebler R M, et al. Long-term observation of the atmospheric exchange of $CO_2$ with a temperate deciduous forest in southern Ontario, Canada. Journal of Geophysical Research, 1999, 104 (D13): 15975-15984.

[302] Vourlitis G L, Priante Filho N, Hayashi M M, et al. Seasonal variations in the net ecosystem $CO_2$ exchange of a mature Amazonian transitional tropical forest (cerradāo). Functional Ecology, 2001, 15 (3): 388-395.

[303] Elbers J A, Jacobs C M, Kruijt B, et al. Assessing the uncertainty of estimated annual totals of net ecosystem productivity: A practical approach applied to a mid latitude temperate pine forest. Agricultural and Forest Meteorology, 2011, 151 (12): 1823-1830.

[304] Anthoni P M, Law B E, Unsworth M H. Carbon and water vapor exchange of an open-canopied ponderosa pine ecosystem. Agricultural and Forest Meteorology, 1999, 95 (3): 151-168.

[305] Kilinc M, Beringer J, Hutley L B, et al. Carbon and water exchange of the world's tallest angiosperm forest. Agricultural and Forest Meteorology, 2013, 182: 215-224.

[306] Xie J, Chen J, Sun G, et al. Long-term variability and environmental control of the carbon cycle in an oak-dominated temperate forest. Forest Ecology and Management, 2014, 313: 319-328.

[307] Ham J M. Useful equations and tables in micrometeorology. In: Hatfield J L., Baker J M. (Editors), Micrometeorology in Agricultural Systems. American Society of Agronomy Inc., Madison, Wisconsin, USA, 2005: 533-560.

[308] Reindl D T, Beckman W A, Duffie J A. Diffuse fraction correlations. Solar Energy, 1990, 45 (1): 1-7.

[309] Jacovides C P, Boland J, Asimakopoulos D N, et al. Comparing diffuse radiation models with one predictor for partitioning incident PAR radiation into its diffuse component in the eastern Mediterranean basin. Renewable Energy, 2010, 35 (8): 1820-1827.

# 后 记

本书承蒙十二五科技支撑项目（2011BAD37B01）、国家自然科学基金项目（41503071）、黑龙江省自然科学基金项目（QC2017010）、中央高校基本科研业务费专项资金项目（2572016BA03）和教育部长江学者和创新团队发展计划项目（IRT_15R09）共同资助，特致殷切谢意。

本书是笔者以往在帽儿山站开展的一些工作的阶段总结，衷心感谢导师王传宽教授对本人的学术启蒙和写作指导。王老师不畏艰难困苦、用于追求真理的科学精神鞭策我不断前进。笔者庆幸自己能够一路坚持下来，在有限的时间内攻克了微气象学、生态学、林学交叉领域的一点理论和技术问题。

感谢中国通量网提供的多次通量观测理论与技术培训，笔者的数据处理能力因此得以提高。感谢中国科学院地理科学与资源研究所于贵瑞研究员在帽儿山站选址和仪器配置方面的指导，还要感谢中国科学院地理科学与资源研究所孙晓敏研究员、温学发研究员、张雷明副研究员、中国科学院寒区旱区环境与工程研究所王介民研究员的鼓励和帮助！

感谢黑龙江帽儿山森林生态系统国家野外科学观测研究站提供研究基地和平台。感谢东北林业大学生态研究中心的老师和同学们的关心和支持，特别感谢张全智讲师和全先奎工程师以及历届研究生焦振、王静、刘帆以及曹广东协助完成部分仪器维护和数据采集工作！衷心感谢北京天诺基业科技有限公司甄晓杰与北京华益瑞科技有限公司姚永军和覃小林提供的通量设备技术支持、常州全盛国际贸易有限公司提供的热电偶技术支持、美国Campbell Scientific公司周新华和 LI-COR 公司 George Burba 在开路加热测量的技术指导。

最后，感谢我的家人，特别是妻子张海燕对我夜以继日地学习和工作的理解！感谢所有帮助过我的人们！

王兴昌<br>
2018 年 9 月 15 日

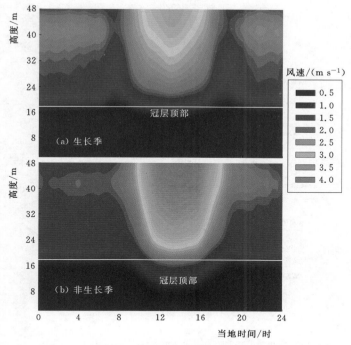

图 4.1 生长季和非生长季水平风速廓线平均日变化

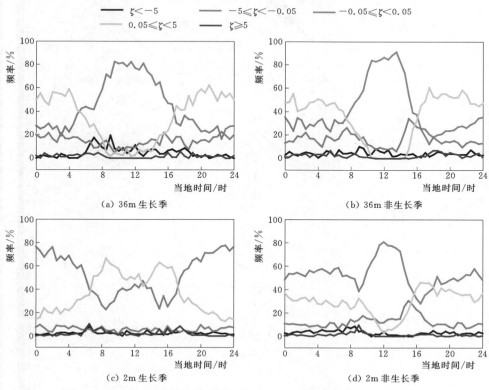

图 4.5 冠上（36m）和冠下（2m）大气稳定状况的平均日变化

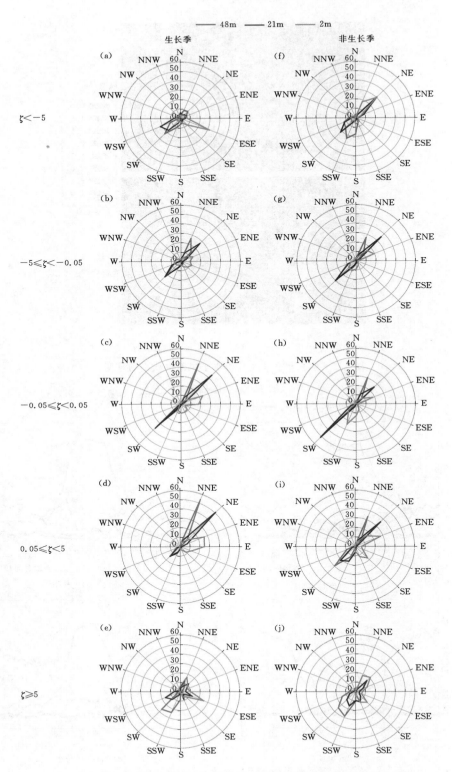

图 4.9 48m、21m 和 2m 高度 5 个稳定度的风向频率分布

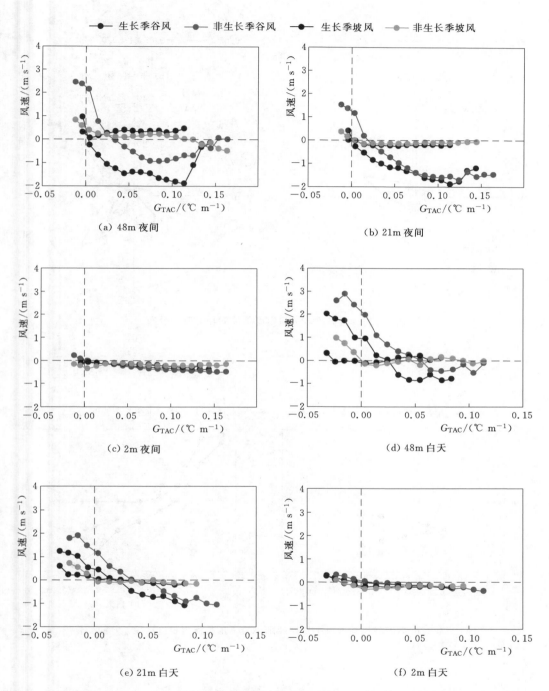

图 4.10  48m、21m 和 2m 高度平均沿山谷和跨山谷风速随林冠上虚位温度梯度（$G_{TCA}$）的变化

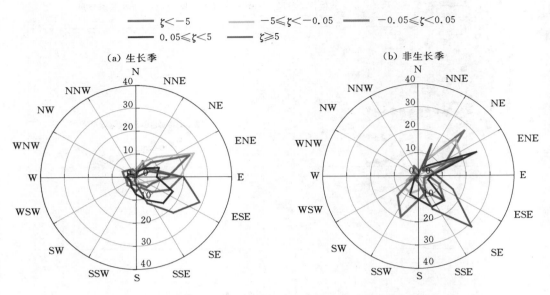

图 4.13　2m 高度 5 个稳定度下风向相对频率分布

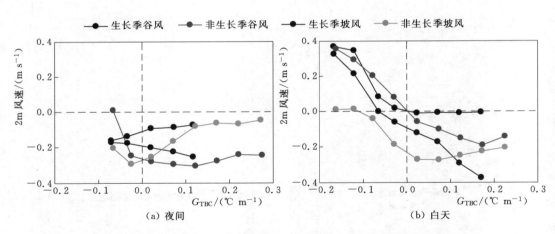

图 4.14　2m 高度谷风与坡风平均风速随林冠下虚位温度梯度（$G_{TBC}$）的变化

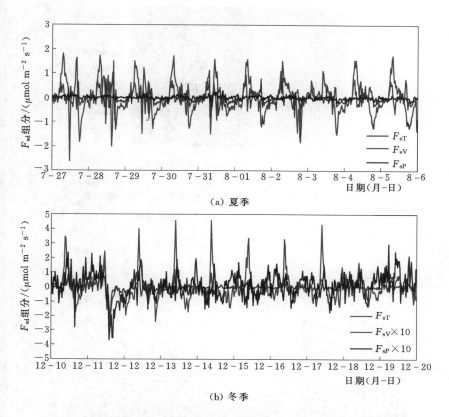

图 6.6 2009 年夏季和冬季干空气储存通量调整项（$F_{sd}$）组分的时间动态
（$F_{sT}$—$T$ 变化引起的误差项；$F_{sV}$—$\chi_v$ 变化引起的误差项；$F_{sP}$—$P$ 变化引起的误差项。
为了清楚地展示日变化，将冬季 $F_{sV}$ 和 $F_{sP}$ 放大 10 倍。）

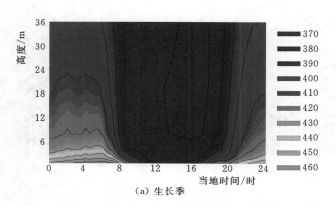

图 7.1（一） 生长季和非生长季 $CO_2$ 相对于干空气的摩尔混合比
（$\mu mol\ mol^{-1}$）的季节平均日变化

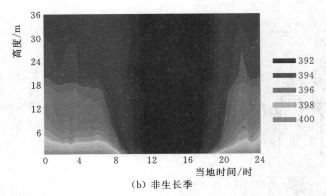

(b)非生长季

图 7.1（二） 生长季和非生长季 $CO_2$ 相对于干空气的摩尔混合比
（$\mu mol\ mol^{-1}$）的季节平均日变化

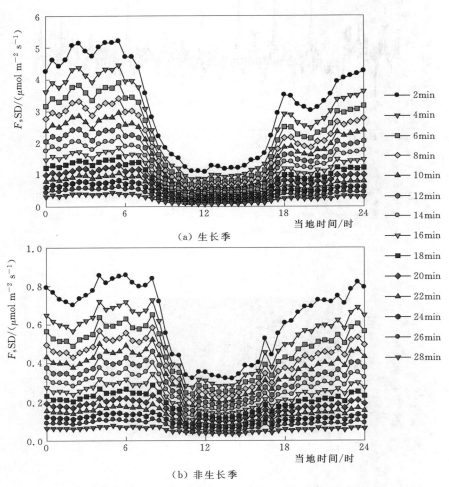

(a)生长季

(b)非生长季

图 7.7 基于不同平均时间窗口的 8 层廊线 $CO_2$ 干摩尔分数计算的 $CO_2$ 储存
通量标准差（$F_s\ SD$）的日变化

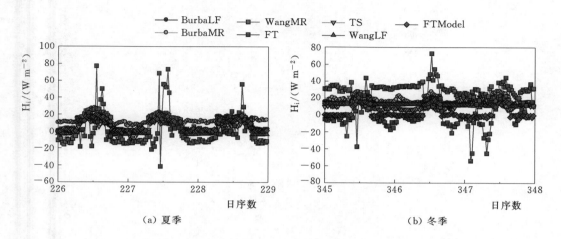

图 9.5 夏季与冬季 LI-7500 表面加热导致的感热通量（$H_i$）日变化

[BurbaLF、BurbaMR、TS、WangLF 和 WangMR 分别为 Burba 线性拟合、Burba 多元回归方程、热电偶实测、本书线性拟合和多元回归方程估计表面温度，再根据 Nobel 公式计算其感热通量。FT 指成对细丝热电偶测定值，经过环境感热通量（$H_{amb}$）与 CSAT3 感热通量（$H_{CSAT3}$）比值校正。FTModel 指用成对细丝热电偶之间的线性模型以 $H_{CSAT3}$ 作为预测变量的估计值。]

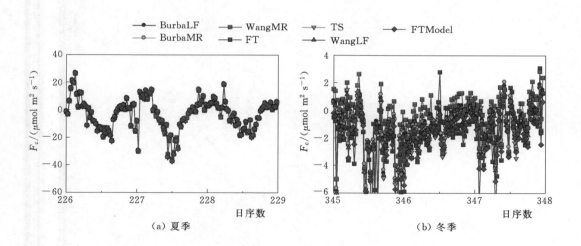

图 9.6 夏季与冬季 LI-7500 测定的 $CO_2$ 湍流通量加热校正量（$F_{cHC}$）日变化

[Burba 一元模型（BurbaLF）、Burba 多元回归方程（BurbaMR）、实测表面温度（TS）、细丝热电偶（FT）和细丝热电偶线性模型（FTModel）。]